주말엔 아이와 바다에

김은현, 황주성, 이서 지음

이 책에 언급된 축제와 식당, 카페 등의 제반 운영은 코로나19의 영향으로 변동될 수 있습니다. 방문 전 전화 문의나 홈페이지 방문을 통해 미리 확인해 주세요.

몇 번이고 소중한
추억이 되어 줄 강릉 여행

주말엔 아이와 바다에

김은현

황주성

이서 지음

어떤
책

강릉이라면,
가벼운 마음으로도 충분하다

"오늘 우리 어디 가?"

이제 네 살이 된 아이는 아침에 눈을 뜨면 제일 먼저 이렇게 묻는다. 보통은 어린이집에 가지만 주말이면 어디를 가야 할지 답이 필요하다.

"바다 갈까?"

"좋아!"

바다는 아이에게는 모래와 물이 있는 놀이터이자 엄마 아빠에게는 바다 풍경을 보며 힐링할 수 있는 최고의 장소다. 돈 한푼 내지 않고 바다에서 마음껏 시간을 보낼 수 있다.

바다 외에도 강릉에는 선택지가 많다. 솔숲을 산책하며 한낮의 여유로움을 느끼고, 수목원 개울가에 발을 담가 본다. 오죽헌에서 뛰놀며 아이에게 역사 이야기도 조금씩 들려준다. 지금은 알지 못해도 언젠가 '아하, 엄마랑 그때 갔던 그곳!' 하며 무릎을 탁 치는 날이 오겠지 하는 기대를 하면서.

5년 전 그 풍경과 여유에 반해 강릉에 정착한 뒤로 지인들이 자주 놀러왔다. 강릉을 찾을 때면 먼저 연락을 주는 고마운 이들이 여전히 많고, 지인과 오랜만에 연락이 닿기라도 하면 나는 그가 곧 강릉을 찾을 거란 걸 쉬이 알아챘다.

　　"어디 갈 만한 데 추천 좀 해 줘."

　　"어디가 맛있어?"

　　가고자 하는 여행지에 친구가 살고 있으면 그 여행의 질은 결코 여느 여행과 같을 수 없다. 누구에게나 알려진 관광지 정보는 인터넷에서도 쉽게 찾을 수 있지만, 현지인이, 그것도 친구가 추천하는 장소는 특별한 매력이 있다.

　　이 책에 우리 집에 놀러 오는, 강릉에 여행 오는 친구들과 나누는 이야기들을 담았다. 한번 다녀와 얻는 정보가 아닌, 사계절을 한곳에서 보내기에 알 수 있고 느낄 수 있는 풍경과 정보들을 담았다.

이 책을 쓴 세 명의 저자는 강릉의 바다와 숲이 주는 여유가 좋아서 강릉으로 이주한 사람들이다. 그중 나는 강릉 출신이지만 대학 입학과 함께 10년 넘게 서울에서 살다 다시 돌아온 경우다. 우리 세 사람은 이제는 대도시에서 살던 때가 까마득할 정도로 소도시의 삶에 완전히 물들었으면서도 여행하듯 강릉 구석구석을 즐기며 살아가고 있다. 두 살과 네 살, 세 살 어린아이를 키우면서 아이와 함께 강릉의 매력을 매일 더 알아 가고 있다. 그 덕에 해변, 숲, 즐길거리 하나하나에 애정을 듬뿍 담아 책을 쓸 수 있었다.

강릉은 재미난 이야기들이 많은 동네다. 우리나라 화폐 인물 네 명 중 두 명인 율곡 이이와 신사임당이 나고 자랐고, 최초의 한글소설을 쓴 허균과 천재 시인 허난설헌 같은 역사 인물들의 이야기가 살아 숨 쉰다. 땅을 파면 지금도 신석기시대와 신라시대의 유물과 유적이 출토되는 곳이기도 하다.

　뿐만 아니다. 축제로는 처음 유네스코에 등재된 단오제가 열리고, 커피 애호가들이 찾는 커피축제가 해마다 개최된다. 한여름에는 우리나라 유일의 야외 독립영화제인 정동진독립영화제가 열리고, 역사 유적지에서 밤을 밝히는 문화재 야행이 펼쳐진다. 서울에 살면서는 집 앞에서 열리는 축제에도 참여한 적이 없지만, 강릉에서는 행사와 축제 일정을 꼼꼼히 챙겨서 구경하며 재미가 쏠쏠했다. 강릉의 매력을 조금 더 느껴 보고 싶다면 이런 축제 일정을 챙겨서 여행길에 오르길 바란다.

여행은 언제나 설레지만, 아이와 함께하는 여행은 변수가 많다. 특히 아이가 어릴수록, 여행인지 극한 체험인지 모를 순간이 찾아온다. 그럴 때 자연이 주는 풍경은 모든 걸 녹아내리게 하는 힘이 된다. 그 힘이 아이의 가장 어린 시절, 부모의 가장 젊은 시절을 여행으로 추억하고 또다시 떠날 계획을 세우게 만든다.

이번 주말, 아이와 뭘 하며 시간을 보내야 할지 고민이라면 강릉으로 떠나 보는 건 어떨까. 멀리 떠나는 여행은 오랜 기간 준비해야 할 수 있지만, 강릉 여행은 '이번 주에 바다나 보러 갈까?' 정도의 마음만 먹으면 가능하다. 일단 떠나면 강릉의 자연과 식도락이 빈곳을 채워 줄 것이다.

봄이면 경포호수 일대를 핑크빛으로 물들이는 벚꽃 구경, 여름이면 시원한 바다와 계곡에서 신나는 물놀이, 가을에는 낭만적인 바다와 솔숲 아래 캠핑, 겨울에는 눈썰매장과 고요한 겨울 바다 풍경이 기다리고 있다. 물회와 막국수, 장칼국수, 순두부, 그리고 바다 전망이 좋은 곳에서 커피 한잔까지 맛보고 나면 매주 강릉으로 떠나고 싶어질지 모른다.

2021년 여름. 김은현

프롤로그

차례

프롤로그   8

1부   강릉의 자연을 누리는 법

내 성향에 어울리는 바다는?   18

영진해변, 갯마을해변, 금진해변   20

아이와 물놀이하기 좋은 바다

바다를 담은 마라카스 놀이 | 영진해변 추천 맛집
갯마을해변 추천 맛집 | 드라마 〈도깨비〉 촬영지

경포해변, 안목해변, 주문진해변   36

강릉 바다의 흥망성쇠

경포해변 볼거리 | 안목해변 즐길거리 | 주문진해변 볼거리 | 강릉의 제철 해산물

바다열차, 헌화로, 정동진독립영화제   56

해 뜨는 정동진이 아니어도 좋아

아날로그 감성 깃든 필름 카메라 여행 | 정동진 즐길거리 | 정동진 추천 맛집

사근진해변   76

'바다멍'하고 싶을 때

모래 낚시 놀이 | '멍'하기 좋은 여행지

연곡해변 솔향기캠핑장   84

인생 캠핑장에서 완벽한 하루

나뭇가지 조명 만들기 | 아이와 함께하기 좋은 캠핑장 | 강릉 캠핑용품 판매점

강릉 이주 에세이: 한남동에서 초당동으로   98

강문해변   104

뜨고 지는 해를 본다는 것

소원이 이루어지는 모래그림 놀이 | 강문해변 추천 맛집

◌ **하평해변, 금진해변, 송정해변에서 서핑** 112

스릴 넘치는 바다 액티비티

서핑 입문을 위한 Q&A | 사천해변, 하평해변의 서핑 강습소
금진해변의 서핑 강습소 | 송정해변의 서핑 강습소

◌ **강릉솔향수목원** 124

아이의 속도로 산책하기

수목원에서 놀이하기 | 강릉솔향수목원 추천 맛집 | 아이와 걷기 좋은 산책길

◌ **경포호수공원** 138

자전거 산책과 노을 사냥

경포호수 광장에서 뭐 하고 놀까? | 경포호수 추천 맛집
경포호수 볼거리 | 강릉의 벚꽃 명소

◌ **송정해변 숲길, 정동심곡 바다부채길** 154

걷고 바라보고 사랑하라

솔방울 모빌 만들기

◌ **안반데기** 164

계절이 오래 머무는 곳

안반데기 사계절 제대로 누리자

◌ **안반데기 일출과 별 마중** 171

오래 기억될 아침과 밤

안반데기 일출과 별 마중 꿀팁 | 안반데기 추천 숙소 | 안반데기 추천 맛집

◌ **단경골, 소금강 계곡** 182

한여름의 더위를 부탁해

돌멩이 친구 만들기 | 강릉에서 계곡놀이

삼양목장, 하늘목장, 대관령양떼목장　　　　　　194

하늘과 초원이 맞닿은 곳

바람 머금은 인생 사진 찍기

강릉 이주 에세이: 강릉, 사랑하고 살아가다　　　206

2부　알면 알수록 강릉

초당두부마을　　　　　　214

초당두부를 먹는 시간

초당두부 추천 맛집

6월 강릉단오제, 10월 강릉커피축제　　　　　　226

단오와 커피를 위한 여행

강릉단오제 관전포인트! | 아이와 즐기기 좋은 강릉 축제

강릉 서점 여행　　　　　　244

인생 책을 만나는 여행

'강릉은 모두 작가다' 프로그램 | 아이와 함께하는 강원도 서점투어

물회와 장칼국수　　　　　　258

매운맛으로의 초대

물회 추천 맛집 | 장칼국수 추천 맛집

오죽헌, 허균허난설헌기념공원, 강릉대도호부관아　　　　　　268

역사가 흐르는 강릉

역사를 품은 여행지

막국수와 옹심이　　　　　　286

궁한 시절의 매력적인 음식들

막국수 추천 맛집 | 옹심이 추천 맛집

금동관과 당간지주 296
보물을 찾아가는 여행
강릉의 박물관과 미술관 | 2018 평창동계올림픽의 현장!

강릉 카페투어 310
강릉은 커피지!

드레스, 근현대 의상, 한복 대여 324
오래 추억하는 여행을 바라며

매직테일, 수이아틀리에, 리:오선공방 330
여행을 기념하는 원데이 클래스

강릉 이주 에세이: 337
모든 이야기는 셀프 웨딩사진에서 시작되었다

부록

걷기 좋은 동네 1: 명주동 344
걷기 좋은 동네 2: 초당동 348
방문 횟수별 추천 코스 352
강릉에서 한달살기 Q&A 356
계절별 놓치면 아쉬운 강릉의 풍경 359
강릉 근교 여행 361
강릉의 키즈카페 363
여행지에서 아플 때 365
깜빡한 육아용품이 있을 때 367
에필로그 368
사진 출처 370

수심이 얕아 아이와 물놀이하기 알맞은 해변, 모래가 고와 맨발로 걷기 좋은 해변, 바다뷰를 바라보며 커피를 마시면 더할 나위 없는 해변……. 강릉의 해변은 저마다의 이유로 완벽하다. 소나무 향 가득한 솔숲과 수목원, 계곡과 푸른 초원까지, 강릉은 누릴 수 있는 자연으로 가득하다.

Part 1. Traveling to Gangneung

1부

강릉의 자연을
누리는 법

내 성향에 어울리는 바다는?

바다는 아이나 어른 할 것 없이 좋아하는 강릉 여행지다. 주문진, 영진, 연곡, 하평, 사천진, 뒷불, 사천, 순포, 순긋, 순개울, 사근진, 경포, 강문, 송정, 안목, 남항진, 염전, 안인, 등명, 정동진, 옥계, 도직……. 강릉의 해안가를 따라 헤아릴 수 없이 오랜 세월 매일같이 파도를 만나 온 해변들은 저마다 특색이 있다. 취향에 맞는 해변을 찾는 것도 또 다른 재미다.

아이와 물놀이하기 좋은 해변 20쪽	→	영진해변, 금진해변, 남애해변(양양), 갯마을해변(양양)
바다뷰를 보며 캠핑하기 좋은 해변 84쪽	→	연곡해변
서핑을 즐기기 좋은 해변 112쪽	→	하평해변, 사천해변, 송정해변, 금진해변
바다를 보며 산책 또는 트레킹을 즐기기 좋은 해변 154쪽	→	송정해변, 정동심곡 바다부채길

강릉의
대표 해변 즐기기
36쪽 → 경포해변, 안목해변,
주문진해변

해돋이 보기 좋은 해변
104쪽 → 강문해변, 정동진해변

조용한 시간을
즐기기 좋은 해변 → 사근진해변, 남항진해변,
76쪽 등명해변

갯마을해변
남애해변

주문진해변

영진해변
연곡해변
하평해변
사천해변

사근진해변
경포해변
강문해변
송정해변
안목해변
남항진해변

등명해변
정동진해변
바다부채길
금진해변

강릉의 자연을 누리는 법

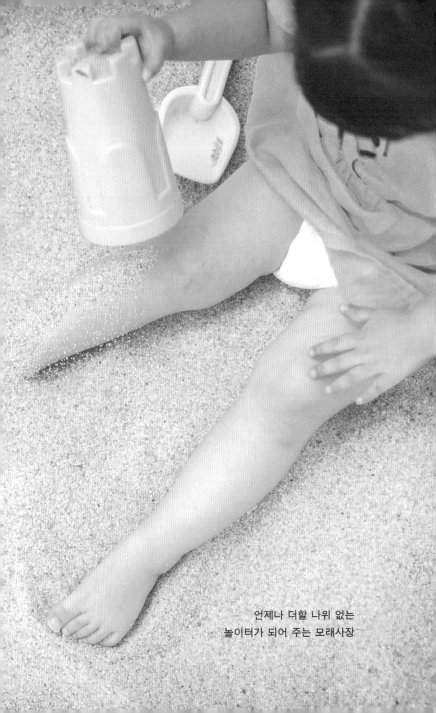

언제나 더할 나위 없는
놀이터가 되어 주는 모래사장

가만히 왔다가 가만히 멀어지는 파도,

아이 같아지는 마음과 웃음소리

영진해변에서

아이와 물놀이하기 좋은 바다

은현

백두대간을 병풍으로 둔 강릉은 여름에는 서늘하고, 겨울에는 온화하다. 그러나 한여름에 속수무책으로 더워지기는 강릉도 마찬가지인데, 대신 이곳에는 훌륭한 피난처가 있으니, 바로 바다다.

밖에 잠깐 서 있기만 해도 숨이 턱턱 막히는 폭염. 남편의 "바다 갈까?" 한마디가 반갑다. 래시가드 차림에 모자를 쓰고 튜브 하나와 약간의 간식을 챙기면 10분 만에 외출 준비 완료. 강문해변까지는 차로 3분. 모래사장을 달려 바다에 입수하는 순간, 방금 전까지만 해도 내 앞에서 기승을 부리던 더위는 맥을 못 추고 사라진다. 온몸이 바닷물로 시원해지고, 조금 있으면 춥다는 생각마저 든다.

아이가 생긴 이후에 우리의 즉흥적인 바다행에 약간의

변화가 생겼다. 둘만 있을 때는 집에서 가장 가까운 바다를 찾았지만, 셋이 되고, 넷이 된 이후부터는 아이가 물놀이하기에 좋은, 수심이 얕은 해변을 찾아 나섰다.

강릉의 영진해변, 금진해변, 양양의 갯마을해변이 내가 발견한, 아이와 물놀이하기 좋은 해변이다. 바다 초입이 미취학 아이의 무릎 정도 되는 깊이라 모래사장과 바닷물의 경계를 오가며 노는 아이들에게 안성맞춤인 해변이다. 물론 더 들어가면 동해안의 특성상 수심이 갑자기 깊어지기 때문에 주의가 필요하다.

발목을 간지럽히는 파도, 영진해변

영진해변은 네 살, 두 살 어린아이가 있는 우리 가족의 단골 물놀이 장소다. 우리 집 자동차 트렁크에는 파라솔과 돗자리가 늘 있다. 여름 내내 언제든 바다에 갈 수 있기 위해 준비해 둔 것이다. 파라솔과 돗자리를 미처 준비하지 못했더라도 해수욕장 개장 기간이라면 누구나 해변에서 유료로 대여할 수 있다.

바다 동네에서 태어나서일까? 큰아이는 한겨울에도 바다에 들어가고 싶어 한다. 물이 찰까 봐 다음으로 미뤘던 물놀이를 여름에는 마음껏 허락해 준다. 영진해변에서 아이는 발목을 간지럽히는 파도에 발을 담근다. "아, 차가워!" 파도의 촉감과 온도와 색감을 온몸으로 느끼며 아이는 바다를 알아 간다. 도망가는 파도를 따라갔다가 다시 돌아온 파도에 발걸음을 옮기다가, 발목이 파도에 잡히면 뭐가 그토록 즐거운지 까르르 웃음소리가 떠날 줄을 모른다. 본격적으로 보행기 튜브에 아이의 발을 끼워 준다. 파도에 밀려갔다가 다시 돌아오는 아이의 얼굴에는 해맑은 웃음이 함께 실려 온다.

바닷가 물놀이는 자연스레 모래놀이로 이어지기 마련이다. 아이는 익숙하게 모래 위에 철퍼덕 주저앉아 모형 삽으로 모래를 파고 그곳에 물을 붓는다. 좀체 고이지 않는 모래구덩이에 물을 붓는, 어른이 보기에 의미 없는 일들 같지만, 분명 아이에게는 한없이 즐거운 놀이다. 물이 부족하면 엉덩이를 들고 일어나 바다에 가서 바닷물을 담아 오는데, 표정이 사뭇 진지해 보는 어른들은 웃음이 난다. 아이가 바다를 만끽하는 모습을 흐뭇하게 바라보다 보면 방금 전까지 야속하던 더위도 물놀이를 즐길 수 있게 해 줘서 고맙다고 느껴진다.

어른도 함께 즐기는 물놀이, 갯마을해변

영진해변이 어린아이들이 물놀이하기 좋다면, 양양 갯마을해변은 어른도 물놀이하기에 좋다. 강릉에서 오래 산 작은언니와 수도권에 살지만 여름 휴가 때면 강릉을 찾는 오빠가 늘 아이들과 함께 찾는 해변이다. 나도 아이가 생긴 후이 대열에 합류했다.

갯마을해변은 깊이 들어가도 바닷물이 어른 가슴 높이밖에 오지 않는다. 아이의 물놀이를 지켜보기만 하다가 직접 들어가 보니 집에 가고 싶어 하지 않는 아이의 마음이 이해가 된다. 튜브에 몸을 기대고 몇 시간을 바다에서 놀아도물 밖으로 나가고 싶지가 않다. 바닷가 마을에서 태어나서자랐지만 바다 물놀이를 제대로 즐겨 본 적이 언제인지 가물가물했던 기억이 갯마을해변에서 새로 쓰인다.

여름 갯마을해변은 사람이 많기에 오전 일찍 찾는 게좋다. 강릉에서 차로 30~40분 정도가 걸리니, 숙소로 돌아오는 시간도 고려해야 할 것이다. 신나게 물놀이를 마치고돌아오는 길에는 아마도 운전자를 제외하곤 모두 곤히 잠들어 있지 않을까.

금진해변에서 비치코밍과 모래놀이를

금진해변은 바다 한가운데서 파도를 타는 서퍼들을 쉽게 볼 수 있는 곳이다. 서퍼들은 파도를 타고, 아이들은 모래놀이를 즐긴다.

여름이 아닌 다른 계절에도 바다를 즐길 수 있는 방법은 없을까. 금진해변에서 조깅하며 쓰레기를 줍는 플로깅plogging, 마치 빗질하듯 바다 표류물과 쓰레기들을 줍는 비치코밍beachcombing을 하는 사람들을 만났다. 환경을 생각하는 마음이 투철해야 할 수 있는 일이라고 생각했는데, 아이와 함께라면 즐겁게 할 수 있겠다 싶었다. 네 살이 된 아이는 길거리를 지나다가도 쓰레기를 보면 "이런 거 여기 버리면 안 되는데" 안타까워한다. 바다에 가던 날 봉투 하나를 준비했다. 요구르트병과 플라스틱 컵, 간밤의 폭죽놀이의 흔적과 비닐봉지 등 해변 입구부터 쓰레기를 쉽게 발견할 수 있었다.

이렇게 해변에 버려진 쓰레기는 파도에 휩쓸려가 수백 년 동안 썩지 않고 마모되고 잘게 부서진다. 미세플라스틱이 되어 다시 해변으로 돌아오기도 하고, 물고기가 먹으면 이를 섭취한 사람의 몸속에 쌓이기도 한다. 결국 사람이 버린 쓰레기가 다시 사람에게, 지구에게 돌아오는 것이다.

쓰레기와 함께 조개를 줍고 사진을 찍는 사이 아이는

이미 자리를 잡고 모래놀이를 시작했다. 방금 주운 요구르트병은 모래를 담는 통이 되었고, 아이스크림용 스푼은 모래놀이 삽으로 변했다. 가르쳐 주지도 않았는데 쓰레기를 재활용하는 모습에 절로 감탄이 나왔다. 아이들은 필요에 따라 도구를 활용하고, 새로운 건 뭐든 놀이 삼아 즐긴다. 아이를 가르쳐야 한다고 생각하지만, 사실 아이들을 통해 배울 때가 많다.

이제 여름이 아니어도 바다에서 할 수 있는 일이 하나 더 늘었다. 돌아오는 길, 늘 바다를 보며 위안을 얻곤 했는데, 이번엔 바다를 위해 소중한 일을 한 것 같아 마음 한편이 뿌듯함으로 차올랐다.

　　바다를 즐기기만 하는 게 아니라 바다를 위해 의미 있는 일을 한번 해 보면 어떨까. 부모가 마음만 먹으면 아이는 기꺼이 즐겁게 따라 줄 것이다.

→ 영진해변

주소 강릉시 주문진읍 해안로 1609

페트병 두어 개에 물을 담아 차에 실어 놓으면 물놀이를 마칠 때쯤 따뜻하게 데워져 있다. 차에 타기 전 간단히 몸을 헹구거나 모래가 묻은 발등을 씻어 내기에 좋다. 여름 해수욕장 개장 기간에는 영진해수욕장에서 주문진 방향으로 가는 끝쪽에 파라솔 자율 설치구역이 있다. 이곳 도로변에 공중화장실이 있다.

→ 갯마을해변

주소 강원도 양양군 현남면 안남애길 48

해수욕장 개장 기간에 평상을 대여하는데 평상에 앉으면 몸에 모래가 묻지 않고 물이 바닥으로 떨어져 편하게 해수욕을 즐길 수 있다. 물놀이를 갈 때 젖은 옷을 넣을 수 있는 가방을 준비하면 좋다.

→ 금진해변

주소 강릉시 옥계면 헌화로 271

정동진을 지나 만날 수 있는 해변이다. 근처에 정동 심곡 바다부채길과 헌화로가 있어 트레킹과 드라이브를 함께 즐길 수 있다.

바다를 담은 마라카스 놀이

추천 연령   만2세 이상

준비물   투명 플라스틱병, 돌, 모래, 조개껍데기, 테이프

1. 작은 조개껍데기를 10~15개 줍는다.

2. 플라스틱병에 담는다. (입구가 넓은 병이 좋아요!)

3. 모래 한 움큼을 다른 병에 담는다.

   (작은 돌, 솔방울도 추천해요.)

4. 병뚜껑을 닫고 테이프로 뚜껑이 열리지 않게 감는다.

5. 각 병을 흔들어 소리를 듣는다.

6. 아이에게 눈을 감고 어떤 소리인지 맞춰 보게 한다.

7. 아이와 병을 나눠 들고 좋아하는 노래를 부르며 리듬에
   맞춰 연주해 본다.

강릉의 자연을 누리는 법

영진해변 추천 맛집

연곡꾹저구탕

주소	강릉시 연곡면 진고개로 2679
문의	033-661-1494
운영시간	오전 9시~오후 8시, 둘째 넷째 목요일 휴무(8월 무휴)

꾹저구는 1급수의 깨끗한 물에 사는 민물고기로, 새가 '꾹' 하고 잡아먹는다고 생긴 이름이다. 꾹저구를 넣어 끓인 탕에 직접 만든 고추장을 풀어 요리하는 꾹저구탕은 맛이 매콤하고 얼큰하다. 탕에서 건져 먹는 수제비도 일품이다. 푹 익은 강원도 감자가 들어간 감자밥도 탕과 찰떡이다. 해물파전과 은어튀김도 곁들여 먹을 수 있다.

밥을담다

주소	강릉시 연곡면 진고개로 2643
문의	033-662-9229
운영시간	오전 9시 30분~오후 9시

원래 한정식집이었다가 강된장비빔밥과 두루치기, 물갈비 등을 파는 한식집으로 바뀌었다. 정갈하고 맛 좋은 반찬들에 부지런히 손이 간다. 나오는 길에 직접 만들었다는 장아찌를 한 통씩 사곤 한다. 아이와 함께 물갈비를 먹을 때는 맵기 조절을 따로 부탁하면 된다. 따끈한 돌솥밥은 추가하는 데 시간이 걸리기 때문에 미리 주문해야 좋다.

갯마을해변 추천 맛집

남애제일식당

주소	강원도 양양군 현남면 매바위길 138 어촌계회센타2호
문의	0507-1326-7361
운영시간	오전 8시~저녁 7시 30분, 수요일 휴무

생선구이와 생선조림, 빡작장비빔정식을 맛볼 수 있는 곳이다. 빡작장은 막장에 야채를 다져 넣고 끓인 강원도식 강된장이다. 콩나물과 오이채, 무생채에 비벼 먹으면 밥도둑이 따로 없다. 생선구이와 조림을 주문하면 빡작장비빔정식이 기본 상차림으로 나온다. 주문 후 조리에 들어가기 때문에 10분 이상 기다려야 하지만 기다린 만큼 맛이 보답하는 곳이다.

소돌막국수

주소	강릉시 주문진읍 연주로 571
문의	033-622-2263
운영시간	오전 10시 30분~오후 8시, 수요일 휴무(성수기 무휴)

막국수 만들기의 달인으로 TV 프로그램 〈생활의 달인〉에 출연할 정도로 검증받은 막국수 맛집. 깔끔한 육수에 명태식해가 고명으로 올라간 비빔 막국수가 맛나다. 아이와 먹는다고 얘기하면 양념장을 따로 담아 준다.

드라마 〈도깨비〉 촬영지

낚시를 즐기는 사람들이 찾던 영진해변은 2017년 드라마 한 편으로 강릉의 핫플레이스가 됐다. 영진해변의 방파제가 드라마 〈도깨비〉의 촬영 장소로 나오면서 기념사진을 찍는 명소가 된 것. 드라마 방영 초반에는 미처 메밀꽃과 빨간 목도리를 준비하지 못한 사람들을 위해 방파제 초입에서 유료로 이를 대여해 주는 진풍경이 펼쳐지기도 했다.

드라마를 쓴 김은숙 작가는 강릉 출신이다. 여주인공이 들고 있던 메밀꽃은 강원도 평창 하면 떠오르는 꽃이다. 작가 이효석이 자신의 고향 봉평에서 흔히 보던 꽃을 떠올리며 소설 〈메밀꽃 필 무렵〉을 쓴 것처럼, 김은숙 작가의 드라마에 강원도 바닷가가 등장한다는 사실도 그만큼 자연스러워 보인다.

방파제는 거센 파도를 막기 위한 바다 위의 장벽이다. 동해안의 너울성 파도는 생명을 앗아 가는 위험한 사고로 이어지기도 한다. 바닷물이 넘친 바닥은 생각보다 미끄럽다. 파도가 높이 솟는 날에는 아찔한 상황이 연출될 수 있기 때문에 인생 사진은 파도가 잔잔한 날 남기는 게 좋겠다. 아이와 함께라면 더더욱.

드라마 〈도깨비〉에서 지은탁과
도깨비가 처음 만났던 영진해변 방파제

강릉의 자연을 누리는 법

드넓은 모래사장과 아름다운 물빛의 경포해변

그 시절의 바다는

한결같은 모습으로

혹은 조금 새로워진 모습으로,

그곳에 있다.

해 지는 안목해변

강릉 바다의 흥망성쇠

주성

잔잔하다가도 순간 돌변해 거칠어진다. 깊고 깨끗하긴 한데 그 속에는 뭐가 들었는지 모르겠다. 변덕이 죽 끓듯 하고 애매모호한 녀석이지만, 가끔 보고 싶을 때면 예고 없이 찾아가도 반갑게 맞아 준다. 나에게 동해 바다는 그런 존재다.

변함없이 여전한 바다, 경포

강릉에 관해 아무것도 모른다고 말하는 사람이더라도 강릉에 와서 눈앞에 바다를 마주하면 이렇게 물을 수 있을 것이다. "여기가 경포 바다인가요?" '강릉 하면 경포'라고 말할 정도로 경포해변은 자타공인 강릉의 대표 바다다.

경포해변은 동해안 최대 해변이다. 바다와 맞닿은 길이가 1.8킬로미터, 백사장의 폭이 80미터다. 탁 트인 바다를 만나기에는 이곳만 한 곳이 없다. 교통이 발달하지 못했던 시절에는 무릉도원처럼 여겨졌을지 모르겠다. 앞엔 탁 트인 동해바다가, 뒤엔 잔잔하고 고요한 호수가, 그리고 저 멀리엔 웅장한 백두대간 산맥이 보이니, 현실세계 풍류의 끝판왕이 아니었을까.

이름이 널리 알려진 것과 달리 잘못 알려진 부분도 있다. 강릉을 찾는 많은 이들이 '경포대'를 경포해변으로 알고 있는 것. 나도 마찬가지였다. "아, 거기 경포대 바다가 말이죠" 하며 이야기를 시작하는 순간, 강릉 토박이 형님이 말을 고쳐 주신다.

　"경포대는 정자고, 바다는 경포해변이고."

　많이들 헷갈려 한다. 경포대는 경포호수를 한눈에 바라볼 수 있는 정자를 의미하고, 경포해변은 경포호수와 마주하고 있는 해변이다. 경포호수 한가운데 보이는 정자를 경포대로 오인하기도 하는데, 그 정자의 이름은 '월파정'이다. 그런데 포털사이트에도 '경포대'를 검색하면 '경포해변'으로 소개가 나온다!

　경포대는 예전부터 핫플레이스였나 보다. 정철의 〈관동별곡〉은 물론이고, 정조대왕을 비롯해 수많은 조선 문인들의 시 작품들이 경포대에서 바라본 경포호수, 그리고 경포 바다를 칭송한다. 대부분 경포호수와 경포 바다의 신비로운 아름다움이 주제다.

지금은 흔적도 없이 사라졌지만 과거엔 경포해변을 끼고 해안선을 따라 기차가 다녔다. 동해 묵호에서 강릉까지 이어지는 기차의 종착역이 경포대역이었다. 경포대역은 1979년 폐역되었고, 그 자리에 지금은 라카이샌드파인리조트가 들어서 있다.

젊은 연인, 아이가 있는 부부, 중년, 노년의 가족 들이 이곳 경포해변을 찾는다. 끝없이 펼쳐진 백사장을 숨이 차오를 때까지 뛰며, 모래 위에 글자를 써 넣으며, 하염없이 출렁이는 바다를 조용히 바라보며, 바다를 배경으로 셀프 커플 사진을 찍으며, 저마다 경포해변을 즐긴다. 바다에서 할 수 있는 각종 연출컷이 여기에서 만들어진다. 각자의 방식대로 옆에 있는 사람과의 시간을 마음속에 새기는 것이다. 여전히 경포해변은 '당신과 함께하는 지금 이 시간'을 기념하기에 좋은 장소다.

강릉 바다의 아이돌, 안목

지난 10년 사이에 가장 많이 변했을 것으로 추정되는 바다는 안목해변이다. 이제 강릉 하면 떠오르는 핫플레이스 세 손가락 안에 들지 않을까. 강릉에 오래 산 현지 사람들은 놀라워하기도 하고 아쉬워하기도 한다. 한적했던 바다 주변이 불야성의 카페 거리가 되었고, 뭐에 쓰나 싶었던 바닷가 땅값도 하늘 높은 줄 모르고 올랐으니 말이다.

지금으로부터 8년 전, 눈비가 몰아치던 3월의 마지막 날이었다. 나는 홀로 떠난 여행에서 안목 바다가 보이는 카페에 앉아 뜨거운 아메리카노를 홀짝이고 있었다. 무엇에 그렇게 끌렸는지 모르겠다. 다음 날도 같은 카페에 앉아 커피를 홀짝이다 서울 가는 버스에 올랐었다.

그 시절의 나처럼 안목 바다에 마음을 사로잡힌 사람이 예전부터 많았나 보다. 1990년대에는 바다를 앞에 두고 마시는 자판기 커피가 유행해 자판기를 '길카페'라 불렀다고 한다. 한창 많을 때는 안목해변에 커피 자판기가 100대에 이르렀다고. 지금의 안목해변에는 규모와 디자인 면에서 웅장하고 화려하기 그지없는 카페가 30여 개나 자리잡고 있다. 예전의 한가함은 찾아볼 수 없고, 차들이 많아 주차하기도 어렵지만, 여전히 사람들은 안목해변을 찾아 커피를 마신다.

강릉의 자연을 누리는 법

바다를 앞에 두고 마시는 커피. 조망 좋은 바다와 음료의 단순한 조합이지만, 많은 사람들이 이를 경험하기 위해 멀리 강릉을 찾는다. 그 이유를 생각해 봤다. 강릉 바다 앞에서 마시는 커피 한 잔은 어쩌면 여행자가 자기 자신에게 주는 선물이 아닐까. 눈으로 바다를 바라보며, 입으로 달콤쌉싸름한 커피를 음미하며, 고된 일상 속에 혹사당한 마음을 씻는 시간. 잠깐의 시간이지만, 누려 본 사람은 안다. 차 한 잔, 파도 한 번에도 사람은 위로받을 수 있다는 걸.

카페를 나서서 짧은 산책을 하는 것도 좋은 선택이다. 바다를 향해 뻗은 방파제 위를 걸어도 좋고, 남대천을 사이에 두고 남항진해변과 이어진 솔바람다리 위를 걸어 봐도 좋겠다. 늦은 오후에 방문한다면 다리 위에서 바다 반대쪽, 서쪽 하늘을 바라보자. 운이 좋으면 멋진 일몰을 감상할 수 있다.

안목해변은 커피거리로 워낙 유명하지만, 방파제 끝에 위치한 등대는 이곳에 항구가 있음을 알려 준다. 울릉도를 향해 가는 대형 여객선과 레저활동을 위한 요트, 생선을 잡아 올리는 어선들이 이곳 강릉항에 모여 있다. 아이와 함께 항구에 정박한 배들을 보며, 다음 여행을 상상해 봐도 좋겠다.

다시 돌아온 왕년의 스타, 주문진

오징어가 자취를 감추자 주문진의 이름은 과거의 영광이 되는 듯했다. 그런 주문진이 마치 서바이벌 프로그램에 왕년의 스타가 출연, 우승을 차지하듯 화려하게 컴백했다. 컴백의 계기는 독특했다. TV 드라마 〈도깨비〉에서 공유와 김고은이 만나 메밀꽃 다발을 건넸던 방파제 끝에, BTS의 앨범 〈You Never Walk Alone〉 커버 속 버스정류장 뒤로, TV 프로그램 〈놀면 뭐하니?〉에 나온 싹쓰리의 뮤직비디오 속에 주문진 바다가 넘실거리고 있었다.

강릉의 유일한 읍 소재지인 주문진은 '강릉 속 강릉'이랄까, 강릉과는 또 다른 느낌을 준다. 지금은 강릉 시내에서 차로 30여 분 남짓 멀지 않은 거리지만, 교통수단이 마땅치 않았던 시절엔 꽤나 멀게 느껴지는 동네였으리라. 강릉 토박이 이웃들의 말에 따르면 주문진 사람들은 정체성이 뚜렷하다고 한다. 한창 번성하던 시기의 주문진 읍내는 강릉 시내를 제외하고 유일하게 극장이 있던 곳이라고. 지금 주문진에는 전성기의 절반 가까이 줄어든 인구가 산다.

수산업이 쇠퇴했지만, 여전히 주문진의 가장 큰 축은 항구와 수산시장이다. 새벽 항구에서는 밤새 잡아 온 싱싱한 생선들이 펄떡거리고, 수산시장에서는 왁자지껄 흥정이 오간다. 날이 따뜻해지는 봄부터는 가자미와 오징어가, 가을부터는 '치'가 붙은 전복치, 밀치, 고등어와 방어가 수조에 차 있다. 제철 맞은 해산물이 풍성하게 펼쳐진 좌판 위는 작은 동해 바다이자 살아 있는 해양 박물관이다. 물기가 흥건한 통로를 걸으며, 제철 생선을 비롯해 대게, 문어, 소라에 시선을 빼앗길 아이들의 모습이 눈에 선하다.

여리디여린 느낌의 주문진해변은 햇살을 잘 받은 날이면 해외 유명 해변 부럽지 않은 푸르름과 투명함을 자랑한다. 구름 한 점 없이 화창한 날엔 주문진해변에서 셀카를 찍어 보자. 잘 나올까 걱정 말고 손을 뻗으면 그다음부터는 주문진해변이 다 해 주지 않을까?

→ 경포해변

주소   강릉시 강문동 산1-1

카페보다는 횟집이 더 많다. 근처 도로에 주차하거나 경포
해변과 경포호수 사이의 주차장을 이용한다. 솔숲도 멋스러
워 함께 걸어 보기를 추천한다. 해변 곳곳에 벤치와 다양한
포토존이 있다.

→ 안목해변

주소   강릉시 창해로14번길 20-1

안목해변 주차장은 주말이면 자리 경쟁이 치열하다. 내비게이
션의 목적지를 '강릉항'으로 설정하면 나오는 안목해변 끝자락,
강릉항에 넓은 주차장이 있다. 이곳도 주차할 곳이 없으면 산토리
니 카페 옆쪽으로 돌아서 나오는 도로를 따라 주차할 수 있다.
어느 카페나 사람이 많은데 야외에서 바다를 감상할 수 있는 루프
탑은 특히 많다. 주말 오전 일찍이나 평일에 가기를 추천한다.

→ 주문진해변

주소   강릉시 주문진읍 주문북로 210

여타 해변에 비해 모래가 더 곱고 부드럽다. 모래사장도
넓은 편이다. 주문진해변 북쪽, 향호해변에 BTS 앨범 재
킷 촬영으로 유명한 버스정류장이 있다. 원래는 앨범 사
진 촬영 후 철거했는데 관광객들이 많이 찾아와 새로 조
성한 곳. 버스정류장 뒤 바다 풍경이 멋진 인생 사진을 완
성해 준다.

경포해변 볼거리

느린 우체통

주소 강릉시 창해로 514
문의 경포관광안내센터 033-640-4531

경포해변 광장엔 로봇처럼 생긴 조형물이 있다. BABA(파랑)와 KUKU(빨강)란 이름의 느린 우체통이다. 잠깐 시간을 내 아이와 서로에게 편지를 써 보자. 1년 후 다시 강릉을 찾게 되는 계기가 될 수도 있다. 1년의 버킷리스트도 좋겠다. 엽서와 펜은 구비되어 있지만 혹여 없다면, 경포관광안내센터에 문의하면 된다.

경포대

주소 강릉시 경포로 365
운영시간 오전 9시~오후 6시

많은 사람들이 경포대를 경포해변으로 알고 있지만, 경포대는 보물 제2046호로 지정된 정자다. 얕은 언덕을 올라 경포대 정자에 오르면 경포호수가 한눈에 내려다보인다. 달이 밝은 저녁에 술을 마시면 달이 하늘에 하나, 경포호수에 하나, 바다에 하나, 술잔에 하나, 맞은편에 앉은 임의 눈동자에 하나 비친다고 해서 '다섯 개의 달'이라는 풍류로 유명하다. 경포해변에서 차로 5분 거리에 있다.

안목해변 즐길거리

수호랑 반다비 포토존

주소   안목해변 에이엠브레드앤커피 건너편

2018년 동계올림픽으로 도시 전체가 들썩였던 강릉. 안목해변엔 올림픽 스코트인 수호랑과 반다비 포토존이 있다. 아이와 포즈를 취하며 세계적인 축제인 올림픽에 관해 이야기 나눠 보자.

수상보트

문의   안목수상레저협회 010-5377-7264
운영시간   오전 9시~오후 7시(기상에 따라 휴무)
이용료   1인 15,000원

안목에 바다와 커피만 있는 건 아니다. 바다를 본격적으로 즐기고 싶다면 수상보트에 탑승해 보자. 시원하게 물살을 가르며 스트레스가 한번에 풀린다.

주문진해변 볼거리

주소	강릉시 주문진읍 옛등대길 24-7
문의	등대관리소 033-662-2131
운영시간	오전 7시~오후 6시

시원한 바다 향기를 맡고 싶다면 높은 곳에 오르자. 1918년에 세워진 강원도 최초의 등대인 주문진 등대는 바다가 내려다보이는 언덕 위에 자리 잡고 있다. 하얀 외벽의 등대가 멋스럽고 이국적이다. 한쪽으론 탁 트인 바다 조망이, 다른 한쪽으로는 색색의 지붕이 모여 있는 주문진 마을 풍경이 정겹다. 한국전쟁 때 피난민들이 살았던 이 마을은 지금은 '새뜰마을'로 불리지만, 예전에는 '꼬댕이마을'로 불렸다. 언덕 비탈진 꼭대기에 세워진 마을이라는 의미다. 비좁고 가파른 골목 사이를 오르면 하얀색으로 칠한 담장과 벽화를 만날 수 있다. 주민들에게 방해가 되지 않게 조심스럽게 골목길 산책을 하며 높이 오를수록 더 멋진 바다 풍경을 감상해 보자.

주문진 등대에서 내려다본 새뜰마을

주소   강릉시 주문진읍 학교담길 32-8
운영시간   오전 10시~오후 9시(카페별 상이)

1,700평의 오징어가미 공장을 복합문화공간으로 조성했다. 복사꽃밀크
티 등을 즐길 수 있는 복사꽃싸롱, 콩이 들어간 디저트를 판매하는 콩방
앗간, 찰강냉이 디저트를 다양하게 맛볼 수 있는 강냉이소쿠리, 와인과
맥주를 곁들일 수 있는 엉클주 등 각양각색의 카페들을 만날 수 있다.

주소   강릉시 주문진읍 시장길 38 1층
문의   033-662-9971
운영시간   오전 10시~오후 9시(금요일 토요일 ~오후 10시),
                둘째 넷째 수요일 휴무

전통시장과의 상생을 표방하는 대형마트. 주문진 수산시장에서 판매하
는 수산물은 취급하지 않는다. 수산시장을 가로질러 2층으로 가면 키즈
라이브러리가 있다. 팝업북, 동화책 등 아이들이 읽을 만한 책들과 보드
게임이 있어 아이와 함께 시간을 보내기에도 좋다.

강릉의 제철 해산물

문어

강릉 사람들은 집안에 행사가 있으면 꼭 상 위에 문어를 올린다. 강릉 문어는 그만큼 귀하고 맛있다. 제철은 초겨울부터 봄까지라는데, 연중 어느 때나 볼 수 있다. 물론 가격은 제철이 가장 비싸다. 대부분 끓는 물에 살짝 데쳐 숙회로 즐긴다. 초장 또는 기름장에 찍어 먹으면 감탄이 절로 나온다.

오징어

지난 몇 년간 극심한 가뭄을 겪었지만 오징어 하면 주문진, 울릉도가 떠오를 정도로 동해는 유명한 오징어 산지였다. 제철은 초여름부터 가을까지. 제철이라 해도 가장 많이 잡히는 시기라는 의미일 뿐, 역시 다른 계절에도 심심찮게 볼 수 있고 특유의 쫄깃함과 감칠맛 역시 비슷하다. 강릉에서는 오징어통찜 같은 음식을 보기는 힘들고 대부분 회나 물회로 즐긴다.

아이들에게 생생한
해양박물관이 될 주문진 수산시장

밀치

강릉 사람들은 겨울이 되면 '치' 자가 들어가는 생선이 맛있어진다고들 한다. 밀치는 대표적인 '치' 자 생선이다. 밀치의 원래 이름은 가숭어인데, '숭어새끼'라 부르는 사람들도 있다. 저렴한 가격에 비해 맛있어서 가성비의 극치를 보여주는 생선이다.

망치, 장치

생선을 꼭 회로 먹으라는 법은 없다. 구워도 먹고 끓여도 먹고 조려도 먹는다. 원래 이름은 '고무꺽정이'인 망치는 끓이면 시원한 국물이 우러나 강릉을 찾는 '주당 아재들'에게는 어느 정도 소문난 해장 식재료다.

장치는 찜과 조림으로 즐긴다. 맛있는 양념에 살도 많고 맛도 있고 가시도 적어 밥도둑이 따로 없다. 장치찜을 내는 곳에서는 가자미, 가오리를 함께 넣은 모둠 생선찜을 판매하기도 하는데, 강릉에 왔다면 모두 맛보기를 추천한다.

기차의 낭만이 살아 있는 바다열차
ⓒ코레일관광개발

새해맞이 일출 구경이
정동진과의 처음이자
마지막 만남이 아니기를

동해안에서 손꼽히는 드라이브 코스, 헌화로
ⓒ강릉시

한여름밤의 판타지, 정동진독립영화제

해 뜨는 정동진이 아니어도 좋아

이서

익숙한 일상이 답답하게 느껴질 때 사람들은 변주를 꿈꾼다. 그러다 어느 날 갑자기 저질러진 일탈에는 종종 '낭만'이란 두 글자가 붙어 평생의 추억거리가 되기도 하고, 일생의 전환점이 되기도 한다.

'낭만'이란 단어에 정동진을 떠올렸다면 혹시 정동진행열차에 몸을 실어 본 적이 있진 않은지. 지금은 사라졌지만 청량리역에서 밤 11시 25분에 출발하면 새벽 4시 48분 정동진역에 도착하는 야간기차가 있었다. 새벽을 달리는 기차 안은 불편함을 감내하고서라도 낭만 여행을 떠나기로 마음먹은 사람들로 가득했다.

그 자리엔 이제 KTX가 들어섰고, 사람들은 점점 더 빠르고 쾌적하게 여행지에 도착하는 방법을 찾는다. 여행의 의미가 그곳에 가는 시간과 고난에 비례하는 것은 아니지만, 기차에서 밤을 보내고 새벽에 문을 연 카페를 찾아 일출을 기다리던 시간이 종종 그립기도 하다.

아이와 함께 움직이는 지금은 기차 여행도 새벽 일출도 감히 엄두를 내지 못하지만, 그럼에도 우리를 낭만 속에 던져 줄 정동진은 늘 그 자리에 있다. 그러니 부디 일출이 정동진의 처음이자 마지막 일정이 아니기를 바란다. 정동진은 작은 어촌이지만 그래서 더 소박하고 가까이, 여전히 낭만적으로 동해안을 느낄 수 있는 곳이다.

낭만 싣고 달리는 바다열차

정동진과 기차는 서로 뗄 수 없는 존재다. 1990년 초반 폐역을 고려할 정도로 한산했던 정동진역은, 1995년 드라마 〈모래시계〉의 인기에 힘입어 촬영 장소였던 역 일대가 함께 유명세를 얻었다. 전국에서 관광객의 방문이 이어지고 일출이 아름답다는 소문이 나자, 곧이어 해돋이 관광열차 운행이 시작됐다. 덕분에 '해돋이는 정동진'이란 공식이 지금까지 굳건히 이어지고 있다.

그로부터 10년이 지난 2007년부터는 바다열차를 개통해 운행 중이다. 아이에게 정동진의 낭만을 알려 주고 싶다면, 바다열차에 탑승해 보길 권한다. 무료한 시간에 아이가 휴대폰만 만지작거릴 게 뻔해 기차를 피했던 여행자라면 더욱.

강릉과 동해, 삼척까지 53킬로미터의 해안선을 느린 속도로 달리는 바다열차의 편도 운행 시간은 한 시간 정도다. 바다가 보이는 큰 창을 향해 좌석이 배치되어 있어, 마치 영화를 보듯 바다를 감상할 수 있다(가족룸, 프러포즈룸 제외).

기차에서 내려다보는 바다 풍경에도 아이가 지루해하지 않을까 하는 걱정은 접어 두어도 된다. 승무원이 감칠맛나는 디제잉을 선보이는데, 이 시간이 꽤 흥미롭다. 사연과 신청곡을 문자로 보내면 추첨해서 방송으로 들려주고, 열차 내 모니터로 다양한 게임을 진행하며 승부욕을 자극하기도 한다. 거기에 쏠쏠한 여행정보 공유까지. 덕분에 바다가 보이지 않는 구간도 지루하지 않게 지나간다.

나름 낭만 한 스푼을 더해 줄 생각으로 일회용 필름 카메라를 챙겨 바다열차에 오른 적이 있다. 삼척에서 되돌아올 때까지 오직 이 카메라로만 딱 스물네 장의 풍경을 담아오자고. 휴대폰은 잠시 가방에 두고 소중한 한 컷을 위해 세심히 바라본 그날의 풍경이 지금도 생생하다.

바다열차는 궂은 날씨로 야외 일정 소화가 어려울 때 더욱 진가를 발휘한다. 어떤 날씨에라도 편안하게 바다를 즐길

→ 일회용 필름 카메라로 담은
바다열차 여행

강릉의 자연을 누리는 법

수 있는 공간이 제공되고, 왔다 갔다 하기에도 부담 없는 거리에, 일정에 따라서는 중간 역에 내려 주변을 관광해도 되니 더욱 풍성한 여행을 계획할 수 있다.

TV 속 그곳, 바로 그 길! 헌화로

정동진의 일출을 놓친 여행자라면, 헌화로에서 아쉬움을 달래 보는 건 어떨까. 헌화로는 정동진 일출에 견줄 만한 정동진의 얼굴이자 동해안에서 손꼽히는 드라이브 코스다. 드라마 〈시그널〉의 마지막 장면에서 박해영[이제훈 분]과 차수현[김혜수 분]이 이재한[조진웅 분]을 찾아 달리던 바로 그 해안도로. '포기하지 않는다면 희망은 있다'는 이제훈의 내레이션과 함께 끝없이 이어지는 헌화로의 모습은 많은 시청자에게 각인되어 헌화로 방문과 기념 촬영으로 이어졌다. 드라마 〈사이코지만 괜찮아〉에는 헌화로의 야경이 등장한다. 빗속을 걷는 고문영[서예지 분]과 바이크를 타고 달려간 문강태[김수현 분]가 만났던 길이다. 멀리서 어둠과 폭우를 뚫고 둘의 재회를 비추던 빨간 등대가 한때 드라마 팬들의 순례 코스가 되었다고 한다.

바칠 헌[獻]에 꽃 화[花]. 한 노인이 절벽에 핀 꽃을 꺾어 수로부인에게 바쳤다는 설화에서 따온, 이름마저 아름다운 헌화로는 정동진항에서 심곡항, 금진항을 거쳐 금진해변까지

5.5킬로미터에 이르는 도로다. 정동진항에서 굽이굽이 고갯길을 지나 심곡항에 닿으면 한쪽에는 웅장한 해안절벽이, 다른 한쪽에는 푸른 바다가 시원하게 펼쳐진, 바다와 가장 가까운 도로를 만나게 된다. 바다를 메워 만든 2킬로미터 남짓한 이 구간이 헌화로 중에서도 최고의 드라이브 코스다.

헌화로는 지인이 강릉에 오면 꼭 데려가는 곳인데, 강릉이 이렇게나 아름답다는 걸 마치 숨겨 놓은 보물상자 내놓듯 헌화로를 보여 주며 설명하곤 한다. 차로 15분도 채 걸리지 않는 짧은 구간이지만 함께 다녀온 사람들은 굴곡진 해안도로에서 본 절경과 마치 바다 위를 달리는 듯했던 느낌을 오랫동안 기억해 주었다.

영화로운 정동진의 밤이여

일출도 봤고, 기차도 탔고, 헌화로도 달려 본 여행자들에게 말하건대 아직 정동진의 낭만은 끝나지 않았다.

한여름 정동진 방문을 계획 중이라면, 그리고 소소한 행복을 누리고 싶은 여행자라면 정동진독립영화제를 저녁 일정에 넣어 두길 바란다. 이른바 어촌에서 벌어지는 행복하고 유쾌한 작당모의!

초등학교 운동장에 세워진 스크린 뒤로 논과 산이, 위

강릉의 자연을 누리는 법

로는 달과 별이 펼쳐지는 밤. 웃음과 눈물 빼는 재기발랄한 영화들을 돗자리에 누워서, 모기장 텐트에 앉아서, 치킨을 뜯고 맥주를 마시며 편안하게 볼 수 있는 영화제다. 은근한 바다 냄새와 선명하게 떨어지는 별똥별, 역을 지나가는 기차 소리에 영화 속인지 실제인지 오묘한 착각에 빠져드는 경험을 하게 될 것이다.

아이와 함께하기에 자극적인 것은 모기와 늦은 상영시간뿐인데, 쑥불을 피워 모기를 쫓아 주는 '쑥불원정대'가 있고, 언제든 자리를 박차고 나가도 누구 하나 잡는 이가 없다. 가장 인상 깊은 영화에 동전으로 투표하는 '땡그랑동전상'만 잊지 않으면 된다(모은 동전을 상으로 준다).

처음 들른 이보다 매년 오는 단골이 더욱 많은 건, 소박한 행복의 맛을 알아 버린 사람들이 점점 많아져서일 거다. 그래서 나는 독립영화를 좋아하는 사람보다 소확행이 그리운 이에게 정동진독립영화제를 더욱 추천한다.

→ 바다열차

운행역   강릉-정동진-묵호-동해-추암-삼척해변
문의   고객상담센터 033-573-5474
이용료(편도)   일반 14,000원 | 특실 16,000원 | 가족석 52,000원(4인)

평일 2회, 주말 3회 운행한다. 정동진역에서는 현장 예매와 승차권 발매가 되지 않으니 인터넷으로 예약하거나 강릉역에서 표를 구입해야 한다. 열차 내 스낵바에서 음료, 스낵, 지역특산품, 기념품을 판매하니 참고할 것.

→ 헌화로

주소   강릉시 강동면 심곡리 158-7(심곡항 공영주차장)
문의   강릉관광안내센터 033-640-4537

자전거 여행자도 많아 드라이브할 때 전방주시에 소홀하면 자칫 위험한 상황이 발생할 수 있다. 심곡항이나 금진해변에 주차한 후 인도를 따라 마음 편히 걷는 것도 헌화로를 심도 있게 즐기는 방법이다. 파도가 심한 날엔 도로까지 바닷물이 튀니 우산을 챙기면 좋다.

→ 정동진독립영화제

기간   매년 8월 첫 번째 주말
장소   정동초등학교(강릉시 강동면 헌화로 1055)
문의   정동진독립영화제 사무국 033-645-7415

1999년 시작해 2021년 23회를 맞는 장수 영화제. 2박 3일 동안 상영되는 약 스무 편의 영화는 무려 1,000편이 넘는 응모작 중에 꼽힌 수작이다. 원래 무료 관람이지만 2020년, 2021년 코로나19로 인해 관객 수를 제한하고자 입장권 티케팅을 했다.

아날로그 감성 깃든 필름 카메라 여행

추천 연령   초등학생 이상

준비물   일회용 필름 카메라

1. 여행 전 필름 카메라를 구입한다. 강릉에서는 다음 두 곳에서 필름 카메라를 취급한다.

    - 카페 안드로메다 (강릉시 하슬라로 20번길 8)

    - 위크엔더스 필름자판기 (강릉시 율곡로 2868번길 1)

2. 아이에게 필름 카메라와 현상 방식을 설명해 준다.

3. 기억하고 싶은 순간을 필름 카메라로 찍을 수 있게, 어떤 장면을 카메라로 담을지 이야기 나눈다.

4. 마지막 한 컷은 꼭 일행 모두가 나오는 단체 사진으로 마무리한다.

5. 결과물에 대한 기대와 설렘을 나누며 현상을 맡기고, 이후 사진을 보며 추억 소환!

정동진 즐길거리

정동진 해돋이공원 & 조각공원

주소	강릉시 강동면 헌화로 950-39
문의	썬크루즈리조트 033-610-7000
운영시간	일출~일몰
이용료	일반 5,000원 | 어린이 3,000원 | 호텔 투숙객 무료

썬크루즈리조트 안에 있는 공원으로, 해안단구의 평평한 위쪽 지대에 조성되어 있어 동해안을 멀리까지 감상할 수 있다. 두 개의 스카이워크에서 사진 촬영은 기본. 아이와 함께 여유롭게 산책하기 좋다.

레일바이크

매표소	정동진역 광장 및 모래시계공원 시간박물관
문의	고객센터 033-655-7786
운영시간	오전 8시 45분~오후 4시 45분(1시간 간격, 11시대 제외)
이용료	2인승 25,000원 | 4인승 35,000원

전 구간이 바다뷰. 전동 방식이라 페달을 덜 밟아도 된다는 장점과 소음이 있다는 단점이 공존한다. 정동진역과 모래시계공원 두 곳에서 탈 수 있으며, 정동진역에서 타려면 매표소에서 약 300m를 걸어야 한다. 온라인 예약과 현장 예매 모두 가능.

강릉의 자연을 누리는 법

주소   강릉시 강동면 헌화로 973
문의   0507-1356-8732
운영시간   오전 5~10시, 오후 1~5시, 화요일 수요일 휴무

'영화로운 아침, 영화로운 바다'를 모토로 한 영화 전문 서점이자 카페, 베이커리, 게스트하우스다. 서울에서 5년간 독립서점을 운영했던 주인장이 도서와 커피, 음료와 비건빵을 판매하고, 영화를 통해 감정을 치유하는 힐링시네마 커뮤니티 프로그램, 영화 상영, 북스테이 서비스 등을 제공한다. 북스테이는 1인 전용. 관광을 위한 숙박이 아닌 사람과 사람이 만나 삶을 나누는 공간으로서 이곳을 운영하고 있어, 앞으로 주인장이 이스트씨네를 어떻게 꾸려 나갈지 더욱 기대된다.

주소	강릉시 강동면 헌화로 990-1
문의	033-645-4540
운영시간	오전 9시~오후 6시
이용료	일반 7,000원 | 청소년 5,000원 | 어린이 4,000원

정동진 바다와 정동진천을 양옆에 낀 무지갯빛 8량의 박물관. 당연하게 생각하는 시간 개념의 탄생과 시간을 담은 예술작품을 만날 수 있다. 세계의 희귀한 시계들을 보고 있자면 시간도 금방 간다. 시간을 다루는 박물관답게 느린 우체통 옵션도 1~3년까지 있다. 엽서를 구입하면 맞춰 보내 주니 특별한 날을 기념해 세 장의 깜짝 편지를 보내면 어떨까.

정동진 밀레니엄 모래시계와 해시계

주소	강릉시 강동면 헌화로 990

모래시계공원엔 두 개의 거대한 시계가 있다. 지름 약 8m, 폭 3m에 이르는 거대한 모래시계와 대형 해시계. 모래시계는 정확히 365일 동안 8톤의 모래가 아래로 떨어진다. 매해 1월 1일 0시에 모래시계를 반 바퀴 돌려 모래를 다시 위에서 아래로 떨어지게 하는 행사도 진행한다. 해가 좋은 날이면 해시계에서 시간을 확인해 보자. 바늘의 그림자가 가리키는 시간에 안내판 시간을 더하면 휴대폰 시계의 시간과 정확하게 일치한다.

정동진 추천 맛집

시골식당

주소	강릉시 강동면 헌화로 665-1
문의	033-644-5312
운영시간	오전 9시~오후 6시, 첫째 셋째 화요일 휴무

망치매운탕으로 유명하지만 알고 보면 라면 맛집. 망치의 부드러운 살과 쫄깃한 수제비가 일품으로, 팔팔 끓일수록 진한 맛을 낸다. 마지막에 라면사리까지 더하면 여행의 피로가 저절로 풀린다. 매운 걸 먹지 못하는 아이와 함께라면 가자미구이를 추가하면 된다. 점심시간을 훌쩍 지나서 간다면 재료 소진으로 조기 영업 마감일 수도 있으니 전화하고 방문하자.

정동진밥집

주소	강릉시 강동면 정동3길 46
문의	0507-1314-8838
운영시간	오전 10시~오후 8시

철도 건널목 옆 넓은 주차장이 있는 식당. 깔끔한 백반과 생선구이정식을 먹을 수 있다. 방이 있고 좌식이며 자극적이지 않은 다양한 찬과 모든 메뉴에 곁들여 나오는 순두부가 있어 아이와 먹기에도 좋다. 시간이 맞으면 가까이 지나가는 기차도 볼 수 있다.

항구마차

주소	강릉시 옥계면 금진리 149-3
문의	033-534-0690
운영시간	오전 10시 30분~오후 3시, 화요일 수요일 휴무

도로 하나를 중간에 두고 바다를 바로 마주한 포장마차 같은 식당. 허름하지만 사람들의 발길이 끊이지 않는다. 새콤달콤한 맛에 자꾸만 젓가락이 가는 가자미회무침이 이곳의 대표 메뉴. 콩가루가 고소한 맛을 더하고 공깃밥을 추가하면 비벼먹을 수도 있다. 대게 칼국수는 조개 칼국수로 메뉴가 변경되기도 한다.

정동진심곡쉼터

주소	강릉시 강동면 헌화로 665-4
문의	033-644-5138
운영시간	오전 10시~오후 6시 30분, 첫째 셋째 화요일 휴무

옹심이칼국수와 감자전, 수수부꾸미를 먹을 수 있는 곳. 직접 만든 밑반찬과 세 메뉴의 조화가 식욕을 돋운다. 다른 곳에서 이미 식사를 했다면 수수부꾸미라도 포장하길 추천한다. 겉은 바삭하고 속은 촉촉 쫀득한, 통팥 담백한 부꾸미가 여행 내내 생각날 수도 있다.

강릉의 자연을 누리는 법

대도시의 숨 가쁜 생활에 지쳐 있던 우리는
바다 앞에 가만히 앉아 있는 것만으로
커다란 휴식을 얻을 수 있었다.

사근진해변에서 바라보는 바다

'바다멍'하고 싶을 때

은현

아이가 태어나면서 하루가 바빠졌다. 먹이고 재우기의 반복. 아이가 잠든 사이 이유식을 만들고 밀린 일을 했을 뿐인데 저녁이면 녹초가 됐다. 나의 24시간이 타인에 의해 온전히 스케줄링되면서 내 시간이 고파졌다. '아무 생각 없이 쉬고 싶다.' 어린아이를 키우는 모든 엄마, 아빠 들의 꿈이 아닐까. 아이들의 상황에 맞게 일정을 짜고 짐을 챙기며 여행 기간에도 바쁘게 움직이는 부모들에게는 잠시 쉬어 갈 시간이 필요하다. 바다로 차를 돌려 '바다멍'을 하는 시간이 필요한 것이다.

사근진해변은 차에서 바다를 바로 볼 수 있는 해변이다. SUV 기준으로 차 트렁크를 바다로 향하게 주차를 한 뒤 트렁크 도어를 하늘을 향해 올린다. 트렁크 도어는 자동 햇빛 가리개가 되고, 트렁크는 작지만 바다를 바라보며 음료를 즐길 수 있는 평상이 된다. 차 앞에 캠핑의자를 놓고 비스듬히 기대어 바라보는 바다는 그 자체로 힐링이다. 대도시의 숨 가쁜 생활에 지쳐 있던 우리 부부는 이곳에서 자주 바다멍을 하며 쉬었다. 강릉으로 이주한 이유의 8할이 사근진해변이다.

남편은 바다를 갈 때 핸드드립 커피를 준비했다. 원두를 갈아 드리퍼에 올리고, 뜨거운 물을 부어서 커피를 내렸다. 여기까지 와서 웬 고생인가 싶었지만, 한번 경험해 보니 그 이유를 알 수 있었다. 매일, 매시간 달라지는 바다의 풍경을 보며 직접 내린 핸드드립 커피를 맛보면 나도 모르게 설렜다. 일상에서 평범하게 하던 일도 바다에서는 낭만이 더해져 특별해진다. 아름다운 풍경 앞에서 마음은 넉넉해지고, 넓어진 틈새는 한껏 여유를 허락해 준다.

맑은 날이면 아이들과 함께 바다로 향한다. 바다는 큰 고민이 필요 없는, 아이도 부모도 만족할 수 있는 최적의 장소다. 둘째를 남편이 보고, 첫째와 함께 바다에 돗자리를 깔고 파라솔을 펴고 앉았다. 유난히 파란 하늘과 에메랄드빛 바다의 잔잔한 풍경. 첫째도 풍경에 반했는지 아님 피곤한지 말이 없었다.

　바다멍에 빠져드는 순간, 아이의 투정에 정신이 번쩍 들었다. 음료수를 뜯어 주고 모래놀이 도구를 챙겨 준 후 다시 찾은 여유. 아이는 모래놀이를, 엄마는 바다멍을 하며 서로의 시간을 갖는다. 이내 잡다한 생각들이 떠오르고 해야 할 일들의 목록이 머릿속을 채우지만, 기다리면 지나간다. 자연이 만드는 풍경 앞에 한낱 걱정들이 먼지만큼 작게 느껴진다.

집으로 돌아와서도 한동안 그날 본 바다 풍경이 잊히지 않았다. 강릉에서 수많은 바다를 보고 살았지만, 휴식이 필요한 내 마음을 알았는지 유독 맑고 잔잔한 바다 풍경은 쉬이 사라지지 않고 일상을 견딜 힘이 되어 주었다.

→ 사근진해변

주소   강릉시 해안로604번길 16

'사근진'이라는 지명은 사기 장수가 살던 나루터라는 뜻에서 유래했다. 주차장 입구는 경포해변을 지나야 있는데, 지나치기 쉬우니 주의가 필요하다. 주차장에서 바다를 바로 볼 수 있어서 이곳에서 차박을 하는 사람들이 많지만, 차박과 야영은 원칙적으로 금지다. 높은 곳에서 바다를 조망할 수 있는 해중전망대도 있다.

강릉의 자연을 누리는 법

모래 낚시 놀이

추천 연령   만4세 이상

준비물   막대자석, 클립, 조개껍데기

1. 해변 모래사장에 원을 그린다.

2. 원 안의 모래 속에 클립(5~10개)을 넣는다.

3. 조개껍데기를 주워 모래 속에 넣는다.

4. 아이와 함께 막대자석으로 클립을 찾는다.

   (숨긴 클립이 모두 막대자석에 붙을 때까지)

5. 조개껍데기는 왜 자석에 붙지 않고 클립만 붙는지
   설명하며 놀이를 이어 간다.

'멍'하기 좋은 여행지

> 등명해변

주소   강릉시 강동면 정동등명길 2(등명해변 주차장)

정동진을 가기 전에 만날 수 있는 등명해변도 바다멍하기 좋다. 성수기엔
캠핑족들이 일찌감치 자리를 잡지만, 비수기엔 혼자서 바다를 독차지하
는 기분을 느낄 수 있다. 바다로 가는 길에 놓인 철로가 인상적이다. 실제
화물 기차가 지나가니 아이와 조심해서 건너야 한다.

> 순포습지

주소   강릉시 사천면 산대월리 108-1

순포호는 경포호와 마찬가지로 원래 바다였다가 모래가 쌓여 호수가 된
석호다. 2016년 순포호를 따라 복원사업이 진행되어 2만 4천여 평 규모로
습지가 조성됐다.
'순포'는 멸종위기종인 '순채'라는 나물이 많이 자생해 생긴 지명이다. 순채
는 연꽃과 비슷하게 생겼는데, 조금이라도 오염된 물에서는 자라지 않아
청정지역을 지표하는 식물이라고 한다. 순포습지에는 멸종위기종에서 해
제된 잔가시고기를 비롯해 원앙, 왜가리 등의 조류, 황어, 잉어 등의 어류
가 서식한다. 순포정이라는 정자가 있어 산책 도중 쉬어 가기 좋다.

쪽빛 바다와

너른 모래사장을 앞마당으로,

울창한 소나무 숲을 안방으로 누리는

바닷가 캠핑장의 하루

연곡해변 솔향기캠핑장에서의 한때

인생 캠핑장에서 완벽한 하루

이서

아이를 키우면서 캠핑이란 로망이 생겼다. 대자연 안에 우리만의 집을 짓고, 마음껏 뛰노는 아이 곁에서 군침 도는 음식을 맛깔나게 만드는 상상. 어린 날의 캠핑이 좋은 기억으로 남은 덕이다. 도톰한 침낭 속에 파묻히는 느낌, 유난히 크게 들리던 텐트 바깥소리, 축축하고 시원한 새벽 공기. 내 아이에게도 그런 경험을 선물하고 싶었다.

어디서부터 시작해야 할지 엄두를 내지 못하다가 무작정 장을 보고 화로대를 챙겨 빈자리가 있는 캠핑장으로 향했다. 이렇다 할 놀잇감도 없고 날도 꽤 추웠는데 아이는 새로운 환경을 돌아다니는 것만으로도 신나 보였다. 거대한 텐트들 사이에서 바닥에 앉아 고기 몇 점 구워 먹고 온 그날, 나는 제대로 캠핑을 해야겠다고 생각했다. 이왕이면 좀 더 쾌적하고 물도 흐르고 숲도 있는 곳에서.

그렇게 만난 곳이 연곡해변 솔향기캠핑장이다. 쪽빛 바다와 너른 모래사장을 앞마당으로, 울창한 소나무 숲을 안방으로 누릴 수 있는 곳. 2016년에 개장한 후 아름다운 뷰와 넓은 사이트, 깨끗한 시설로 전국의 캠퍼들이 손꼽는다.

이제 막 캠핑을 시작하는 이, 혹은 캠핑을 달가워하지 않는 일행이 있다면 더 추천하는 곳이다. 초보에게 너무 고생만 하는 캠핑은 다음을 기약하기 어렵고, 캠핑에 관한 불호는 어지간한 매력이 아니면 뒤집기 어렵기 때문이다. 여기라면 너무 힘들지 않게 어느 계절이든 최소한의 장비로 캠핑의 로망을 제대로 이룰 수 있다.

본격적인 캠핑 준비는 장비도 고기도 아닌 캠핑장 예약으로 시작된다. 특히 소문난 곳이라면 그야말로 예약 전쟁이 벌어진다. '선예약 후장비'를 꼭 기억하자. 연곡해변 솔향기캠핑장은 매일 오전 10시, 한 달 후의 날짜를 예약할 수 있다(최대 3박 4일). 데크와 노지, 카라반, 차박존까지 총 147면의 자리가 순식간에 예약 완료되므로 오픈 시간에 맞춰 광클릭은 필수다.

처음 캠핑장에 갔을 때는 뭐든 큰 게 좋다는 생각으로 가장 큰 사이즈(5×7미터)의 데크가 있는 A존을 예약했다. 거대한 텐트를 설치하기에도 자리가 충분한 정도라, 작은 텐트 하나 외에 큰 장비가 없는 우리는 더욱 여유롭게 짐을 풀었다. 데크와 데크 사이 공간도 넓어서 사람들과 적당한 거리가 유지됐다. 다른 곳을 몇 번 더 다녀본 후에야 그 거리가 캠핑의 질에 상당히 중요한 몫이라는 걸 알았다. 옆 텐트의 온갖 사정에 시선을 빼앗기고 싶지 않은 여행자들에게 솔향기캠핑장이 그 부분에서 압도적으로 우위에 있음을 강조하고 싶다.

일반 크기(3.5×5미터)의 데크가 있는 B존도 한 가족이 쓰기에 적당한 데크 사이즈와 데크 간 간격을 유지하고 있다. 대형 텐트가 많은 A존은 아이와 함께하는 가족 단위, B존은 1~2인 단위 캠퍼들이 많다. 명당을 꼽자면, 주차된 자동차와 취사실이 가까이 있는 바다 바로 앞자리보다는 양끝이나 뒤편이다. 더욱 프라이빗하게 캠핑을 즐길 수 있다. 프라이빗보다 편의성이 더 중요한 캠퍼라면, 지정된 곳에 주차한 후 짐을 수레로 옮겨야 하는 이곳의 특성상 길가와 가까운 자리를 추천한다.

나와 남편, 아이 세 사람의 캠핑장 루틴은 이러하다. 남편이 장비를 펼치는 동안 나와 아이는 소나무 숲을 걷는다. 솔방울과 나뭇가지를 주워 와 데크 앞에 쌓기도 하고, 이름 모를 풀과 곤충을 관찰한다. 아이는 한참을 그렇게 놀다가 또래나 형님들이 보이면 졸졸 따라다니려고 하는데, 이제 다른 놀이가 필요하다는 신호다. 나는 여기서 휴대폰을 꺼낼지, 다른 놀거리를 줄지 늘 고민한다.

캠핑장에 톡 던져진 아이들은 자연이라는 미완의 장난감으로 자기만의 놀잇감을 만들기도 하고, 야무진 손으로 장비들을 나르며 일손을 돕기도 한다. 아이에게 이 일들이 무척 재밌길 바라지만, 잠시뿐이다. 아무런 도움 없이 아이 스스로, 그리고 오래도록 자연과 놀기 바라는 건 욕심이다.

소나무 숲 말고도 바다라는 놀이터가 준비된 솔향기캠핑장은 그런 면에서 더욱 강점이 있다. 약간의 준비물만 있으면 아이도 보호자도 지루하지 않게, 자연을 다채롭게 즐길 수 있다. 내가 추천하는 것은 곤충 등을 관찰하고 안전하게 다시 되돌려 보낼 수 있는 투명 채집통, 높이 솟은 소나무 가지 끝과 거기에 앉은 새를 자세히 볼 망원경, 자연의 색을 칠해 볼 색연필과 스케치북, 모래나 씨앗을 넣어 마라카스를 만들 플라스틱병, 아이가 만든 놀잇감을 텐트에 걸

강릉의 자연을 누리는 법

어 둘 끈, 해변에서 사용할 낚싯대와 아이가 좋아하는 보드 게임 몇 개 등이다. 사소하지만 아이디어를 보태면 여러 가지 놀이로 변형이 가능하다.

아이와 놀거리를 고민한 시간만큼 캠핑장에서의 시간은 빠르게 지나간다. 조금 어둑해지면 텐트마다 조명이 켜지고, 어느새 캠핑장엔 아늑한 분위기가 흐른다. 어디선가 퍼지는 맛있는 요리 냄새에 계획보다 이른 저녁을 시작하는 순간, 캠핑의 목적이 아이에게서 우리 부부로 바뀐다.

지글지글 굽는 소리에 한 번, 노릇노릇 익는 모습에 한 번, 입에서 사르르 녹으며 한 번, 한 점의 고기를 세 번씩 음미하며 감탄을 연발하는 나와 흐뭇한 표정으로 맥주를 들이키는 남편. 한낮의 피로를 잊게 만드는 시간이다.

소나무 숲이 점점 어둠에 가려지고 달과 별이 더욱 선명해지는 밤. 맛난 음식과 도란도란 나눈 대화로 배를 든든히 채우고 나면 어느새 노곤함이 온몸에 퍼진다. 온수 샤워로 몸에 따뜻한 기운을 더한 후 곧장 잠이 들어도 좋겠지만, 이곳에서의 완벽한 하루는 '취침은 조금 늦게, 기상은 조금 빨리' 할 때 허락된다.

고요한 캠핑장을 찰싹찰싹 때리는 파도 소리를 배경으로 짧은 밤마실을 나가 보자. 바닷가 산책이 캠핑의 여운을 더욱 오래 지속해 줄 것이다. 그리고 텐트에 아이와 누워 오늘 하루가 어땠는지 조용한 수다로 잠을 청하고, 일출 시간에 맞춰 새벽에 잠에서 깨어 보자. 소나무가 내뿜는 강력한 생명력을 흡수하며 바닷가로 나가는 걸음 앞에 또렷한 일출까지 그려진다면 정말 완벽한 하루를 보낸 것이다.

강릉의 자연을 누리는 법

→ 연곡해변 솔향기캠핑장

주소	강릉시 연곡면 해안로 1282
문의	관리사무소 033-662-2900
운영시간	입실 오후 2시 이후, 퇴실 오전 11시까지
이용료	A존 22,000원	B존 15,000원	노지 13,000원
	카라반 80,000원	차박 25,000원	비수기 평일 기준
주차	캠핑장 중앙 통로 및 해변 통로(사이트당 1대 가능)

365일 무휴장 운영되는 캠핑장이다. 입구에 편의점이 있어 빠뜨린 물건을 구입하기 편하고 유아차도 대여할 수 있다. 등록한 차량 한 대만 진입 가능하므로 추가 차량이 있다면 밖에 주차해야 한다. 소나무 보호를 위해 장작과 숯 사용은 금지라 '불멍'은 할 수 없고 해먹 설치도 스탠드형이라야 가능하다.

바로 앞 연곡해변은 수심이 조금 깊은 편이고, 캠핑장에 송진과 송홧가루가 있을 수 있다. 특히 5월에는 송홧가루가 많이 날린다. 강릉 및 교류도시(서울 강서구와 서초구, 대전 서구, 경기도 부천 등) 시민, 한부모가족이나 국가유공자 등에 여러 할인 혜택이 있으니 미리 확인 후 해당된다면 증명서를 꼭 챙기자.

나뭇가지 조명 만들기

추천 연령   만4세 이상

준비물   나뭇가지, 실, 와이어 전구

1. 비슷한 길이의 나뭇가지 5~10개를 줍는다.

2. 나뭇가지로 별, 네모, 세모 등 아이가 원하는 모양을
   만든다.

3. 나뭇가지가 겹치는 부분을 실로 단단히 묶어
   고정한다. (신축성 있는 얇은 털실이 좋아요!)

4. 와이어 전구로 나뭇가지를 돌돌 감싸면 완성.

5. 텐트에 걸어 두고 낮에는 장식으로, 저녁에는 조명으로
   사용한다.

강릉의 자연을 누리는 법

아이와 함께하기 좋은 캠핑장

정원펜션캠핑장

주소   강릉시 주문진읍 신리천로 1191-15
문의   010-7229-3987
운영시간   입실 오후 1시 이후, 퇴실 낮 12시까지

계곡이 흐르는 깊은 산속, 아름다운 정원 속의 캠핑장. 13면의 사이트와 펜션을 함께 운영한다. 아이들 전용 놀이터가 있으며 바로 앞 계곡은 여름엔 물놀이터가, 겨울엔 얼음썰매장이 된다. 이용료를 내고 텃밭에서 쌈 채소를 직접 따 먹을 수 있다.

오대산국립공원 소금강자동차야영장

주소   강릉시 연곡면 소금강길 449
문의   033-661-4161
운영시간   입실 오후 3시 이후, 퇴실 낮 12시까지

일반 야영과 오토캠핑, 카라반과 솔막 등 140여 면의 사이트를 운영한다. 합리적인 가격으로 근처의 얕은 계곡까지 누릴 수 있어 아이들과 함께하는 여름 피서지로 제격이다.

추억촌

주소	강릉시 성산면 대관령옛길 10
문의	010-2417-7807
운영시간	입실 오후 2시 이후, 퇴실 낮 12시까지

17면의 사이트를 운영하는 소규모 캠핑장. 텐트, 코펠 등 장비를 대여해 주는 렌탈 캠핑이 가능해 장비 없이 캠핑 맛보기가 가능하다. 근처 계곡과 미니 수영장이 있다.

강릉 금진321 카라반

주소	강릉시 옥계면 헌화로 247-11
문의	010-8938-1029
운영시간	입실 오후 3시 이후, 퇴실 오전 11시까지

수심 낮고 서핑으로 유명한 금진해변에서 1분 거리, 아담한 마당에 4대의 카라반을 운영하는 곳이다. 쾌적한 침대와 전용 화장실, 욕실을 누리며 캠핑 감성을 느끼고 싶은 여행자에게 추천.

강릉 캠핑용품 판매점

캠핑트렁크

주소	강릉시 성곡고양길5번길 4
문의	070-8860-4545
운영시간	오전 10시~오후 8시, 월요일 휴무

텐트부터 의자, 테이블, 조리기구, 장작, 놀이용품 등 캠핑에 꼭 필요한 제품을 만날 수 있는 곳. 친절한 주인장의 설명과 편안한 분위기 속에서 찬찬히 제품을 고르기 좋다. 노스피크와 스노우라인, 몬테라 등의 브랜드를 취급하고, 자체 제작 상품을 구경하는 재미도 쏠쏠하다.

캠핑고래

주소	강릉시 율곡로 3167 2층
문의	0507-1402-1800
운영시간	오전 9시~오후 7시, 일요일 휴무

주방용품 판매장 2층에 들어선 대규모 캠핑용품점. 넓은 공간에 깔끔하게 정리된 수많은 제품들과 캠핑 모습 그대로 설치된 텐트 및 장비를 볼 수 있다. 합리적인 가격의 자체 브랜드 웨일테일 제품도 눈여겨볼 것. 원한다면 캠핑 고수 직원으로부터 브랜드 비교에서 캠퍼 상황에 맞는 제품 구성까지, 열정적인 설명을 들을 수 있다.

고릴라캠핑

주소	강릉시 사임당로 44
문의	033-646-8040
운영시간	오전 10시~오후 8시, 첫째 셋째 월요일 휴무

규모가 크지는 않지만 1층, 2층 전시장에 아기자기한 감성 소품과 의자,
테이블 등의 다양한 제품이 실속 있게 전시되어 있다. 특히 가랜드와 전
구, 테이블 플레이팅 제품 등으로 디테일하게 꾸며 놓은 텐트를 보면 충
동구매를 하게 될 가능성이 농후하다.

한남동에서 초당동으로 은현

"우리 강릉 가서 살까?"

결혼한 지 4개월이 지났을 때 이태원의 한 중식당에서 남편이 물었다. 한여름에 짜장면을 먹으면서 듣기에는 조금 뜬금없는 이야기였다.

"왜 강릉에 가고 싶은데?"

물었더니 바로 답이 돌아왔다.

"행복하고 싶어서."

그 말에 당황해 되물었다.

"나랑 사는 게 행복하지 않아?"

놀란 남편은 손사래를 치며 서둘러 말을 보탰다.

"아니 행복한데, 일에서도 행복하고 싶다는 얘기야."

남편은 창업을 하고 싶어 했다. 직장을 그만두고 새로운 일을 하고 싶다고. 그러면서 서울은 포화 상태라 강릉에서 사업을 시작하는 게 좋겠다고 했다.

부모님께 인사하러 갈 때가 아니더라도 우리는 휴가 때면 종종 강릉을 찾았다. 강릉의 바다와 숲은 우리 부부에게 큰 위안이었다. 나는 이런 강릉의 자연이 우리가 가끔 누릴 수 있는 호사라고 생각했는데, 남편은 이를 일상에서 누려야겠다고 다짐한 것 같았다. 얘길 더 들어 보자는 마음에 언제 갈 계획이냐고 남편에게 물어봤다. "10년 후쯤?"이라는 대답에 나는 속으로 생각했다. '안 간다는 거네.'

10년 후면 마음이 어떻게 바뀔지 모르니까 잊고 지내고 있었는데, 인생이란 늘 그렇듯 예측과는 다르게 흘러간다. 집주인에게서 전세를 월세로 바꾸겠다는 연락이 온 것이다. 서울 한남동에 정말 어렵사리 구한 신혼집이었는데, 집주인이 제안한 월세는 우리 부부로서는 부담스러운 금액이었다. 대안이 필요했다. 다시 서울 하늘 아래 집을 구하려니 막막했다. 이때 남편의 마음은 완전히 돌아섰다. 더 이상 서울은 아니라고, 더 멀리 강릉에 집을 구하겠다고. 우리의 강릉행은 10년 후가 아니라 바로 몇 개월 후로 앞당겨졌다.

강릉의 자연을 누리는 법

갈까? 말까? 마음이 갈팡질팡

똑같은 시간이지만 도시에서의 시침은 더 빠르게 흐르고, 시골에서의 시침은 더 느리게 흐르는 것 같았다. 고향이긴 하지만 강릉은 나의 기억에 '심심한 동네'로 남아 있었다. 그래서 망설였다. 둘 다 일을 그만두고 지방에 가서 잘 살 수 있을까 걱정도 앞섰다.

고등학교 시절에는 '대관령을 넘어' 서울에 가는 게 목표였다. 이른 아침 집을 나서서 콘크리트 교실에서 밤늦은 시간까지 지내면서 대학에 가면 푸른 캠퍼스를 누빌 낭만을 꿈꿨다. 그렇게 청춘을 투자해 서울로 가서 대학을 다니고 직장생활을 했는데 다시 강릉으로 돌아간다는 게 선뜻 내키지 않았다. 그때 내 마음은 어쩌면 교만에 가까웠을 것이다.

학창 시절에는 강릉에 산다는 게 어떤 의미인지 몰랐다. 버스를 한 번 갈아타면 바다에 갈 수 있다는 걸 알았지만, 어느 날 처음 도전해 보고는 '너무 멀어서 안 되겠어' 피곤해하며 돌아온 기억만 있다.

바다의 진정한 맛은 어른이 되고 나서 알았다. 일도, 인간관계도 내 맘 같지 않은 날들. 속 시원히 위로받을 곳 없던 마음을 바다에 가서 쏟아냈다. 파도는 걱정까지 쓸어가 주는 듯했고, 바다를 다녀오면 무겁던 마음이 홀가분해졌다.

우연인지 필연인지 직장 동료였던 지인이 먼저 강릉으로 이주해 살고 있었는데, 그에게서 듣는 이야기들이 도움이 많이 됐다. 서울에 살면서는 근교로 여행 가기가 쉽지 않았는데, 강릉에 살면서는 주말마다 강원도 곳곳으로 여행을 다닌다는 것이다. 평일의 출퇴근에 지친 남편은 주말이면 집에서 쉬는 걸 좋아했는데, 강릉에 가면 달라질까? 기대감이 생겼다.

사소한 계기로 남편과 불꽃이 튀던 날 나는 강릉에 안 가겠다고 선언했다. 남편은 알겠다고, 알아보던 걸 다 취소하겠다고 했다. '내가 이겼구나' 생각했는데 아니었다. 다음 날 남편이 태연하게 포털사이트에서 강릉 지도를 들여다보고 있는 모습을 보고 깨달았다. 우리는 강릉에 갈 수밖에 없다는 것을.

문제는 집

집을 알아보기 시작했다. 왕복 여섯 시간을 내달려 부동산 매물들을 확인했다. 계약서에 사인하러 세 시간을 운전해 갔는데, 집주인이 돌연 안 팔겠다고 해서 무산된 경우도 있었다.

처음엔 바닷가 근처로 살 집을 알아봤다. 낮에는 괜찮

을 테지만 사람들이 빠져나간 저녁은 적막할 것 같았다. 부동산 사장님은 초당동을 추천했다. 이 지역으로 좁혀서 찾은 끝에 우리가 살 집을 찾을 수 있었다.

8월의 이삿날, 현관 계단을 올라서는데 따뜻한 바람이 얼굴의 땀방울을 식혀 주었다. '행복하다'는 마음이 들었다. 열심히 살면 손에 닿는 게 행복인 줄 알았는데, 일상에서 스치는 공기에도 행복은 있었다. 오래 잊고 지낸 사실을 그날 비로소 다시 깨달았다.

간밤에 모기에게 수십 번 헌혈한 후 다음 날 아침을 맞았다. 서울에서 살던 집이 일찍 나가는 바람에 미처 창문도 달지 못한 집으로 이사했기 때문이다. 무방비였던 온몸에는 붉은 산이 솟아올랐지만, 기분은 상쾌했다. 출근을 안 해도 돼서 그런 건지, 강릉에 와서 그런 건지 잘 구분이 되지 않았다.

소도시의 삶

동네를 산책하면 저녁 7시만 돼도 주위가 깜깜하다. 서울에선 저녁 늦은 시간까지 어딜 가도 불이 꺼지질 않는데, 강릉은 해가 모습을 감추면 도시의 빛도 자취를 감춘다. 대도시에선 꺼지지 않는 불빛처럼 치열한 경쟁에서 뒤처지는 건 아닐까, 제대로 가고 있는 걸까 늘 마음 쫓기며 살았는데, 강릉에서는 천천히 가도 괜찮다고, 나만의 속도로 사는 법을 배우라고 격려받는 기분이 든다.

직장을 안 다녀도 괜찮을까 싶었는데, 다 살길이 있었다. 그동안 나를 돌아보며 충전하며 가기보다 이미 닳은 마음과 실력을 애써 감추면서 살았다는 생각도 들었다. 시간이 많다 보니 하나하나 양파 까듯이 과거의 모습들이 스쳐 지나갔다. 이불킥을 하고 싶은 순간이 한두 번이 아니었다. 그렇게 과거의 부끄러운 순간들을 복기하고 나니 새로운 길을 열 수 있겠다는 용기가 조금 만들어졌다. 나는 뭘 좋아하고 잘하고 싶은지, 잘할 수 있는지를 돌아보는 시간이었다. 정해진 길만이 답이 아니라는 것을, 한계 앞에서 주저할 때 어쩌면 새로운 곳에서 기회가 열린다는 것을 깨닫게 해 준 강릉행이었다. 그래서 앞으로 펼쳐질 내 삶이 설레고 기대된다.

강릉의 자연을 누리는 법

1월 1일의 해 뜨는 모습도 좋지만,

12월 31일에 뜨는 해를 바라보는

마음도 특별하다.

강문해변의 해돋이

뜨고 지는 해를 본다는 것

은현

연말에 강릉에 놀러 온 지인들과 한 해의 마지막 일출을 봤다. 이곳에 거주하는 나에게는 특별하지 않은 일출이었지만, 타지에서 온 지인들에게는 무척이나 큰 이벤트였다. 아무래도 좋았다. 일출을 핑계로 지인들을 만나고, 지난해를 정리하고, 새해를 맞이할 수 있으니까.

새해와 하루 차이지만, 사람이 확연히 적었다. 새해에 무언가 새로운 계획과 다짐을 해야 한다는 의무감은 나이가 들수록 사라졌다. 새로운 일을 계획하고 실천에 옮기는 날이 그야말로 '새해'지, 달력 한 장이 넘어간다고 해서 바뀌는 건 크게 없다는 걸 알기 때문이다.

강문해변은 내가 가장 좋아하는 일출 명소다. 해변 길이가

300미터 정도밖에 되지 않는 작은 해변이지만, 해변을 반달 모양처럼 품고 있는 모래사장이 더 아늑한 느낌을 주는 곳이다. 일출을 기다리며 성실히 파도를 내보내는 바다를 바라보는 시간도 평화롭다.

누군가는 잠들어 있을 시각, 어둠을 밝히는 일출과 함께 하루를 시작하는 일은 꽤 매력적이다. 지금이 아니면 볼 수 없는 것을 보는 것. 잠과 바꾸어 성실하게 채운 시간은 마음속에 쌓이고 쌓여 지칠 때 꺼내 볼 수 있는 숨겨 둔 힘이 된다.

나는 종종 아이 어린이집 등원을 마친 후 걸어서 강문해변까지 산책을 한다. '조금 더 가면 바다가 있어'라는 기대감은 '그냥 돌아갈까' 고민하는 마음을 쉽게 이긴다.

이른 아침 해변은 가게 앞을 청소하는 사람들만 보일 정도로 인적이 드물다. 하루를 시작하는 활기참과 고요한 바다의 풍경이 교차하는 시간. 햇살에 보석처럼 반짝이는 파도의 물결은 눈부시게 아름답다.

저녁에도 강문해변은 진가를 발휘한다. 강릉은 저녁 해가 지고 나면 갈 만한 곳이 많지 않은데, 강문해변에서 경포해변으로 이어지는 솟대다리의 야경은 무척 예쁘다. 이 다리를 지나 경포해변까지 밤 산책을 할 수 있다. 경포호수에서 이어지는 물줄기를 기준으로 북쪽이 경포해변, 남쪽이 강문해변이다.

솟대다리의 아래쪽에는 솟대를 형상화한 조형물이 있다. '솟대'는 마을 사람들이 마을의 안녕과 풍년, 풍어를 기원하며 마을 입구에 세워 두던 긴 막대를 말한다. 막대의 끝에는 까마귀와 갈매기 등을 달아 놓았는데, 강릉 강문 지방에서는 독특하게 오리를 달았다고 한다. 강문 마을 사람들은 오리를 바람과 물, 불로부터 지켜주는 존재라고 믿었던 것. 영동 지역에서는 '진또배기'로도 불리는 솟대를 강문해변 곳곳에서 만날 수 있다. 작은 어촌에서 관광지로 탈바꿈하고 있는 이곳을 솟대에 앉은 오리가 묵묵히 지켜보고 있다.

→ 강문해변

주소   강릉시 창해로350번길 7

경포해변과 송정해변 사이에 위치해 있으며, 바다를 바라보고 카페와 횟집들이 있다. 그 사이에는 주차장이 있는데 인근 식당과 카페를 이용할 경우 정해진 시간 동안 무료로 주차할 수 있다.

소원이 이루어지는 모래그림 놀이

추천 연령 만3세 이상

준비물 도화지, 색연필, 풀, 모래

1. 아이에게 소원이 무엇인지 물어본다.

2. 도화지에 색연필로 아이와 함께 소원 관련된 글씨 또는 그림을 그린다.

3. 색연필 따라 풀을 칠한다.

4. 도화지 위에 모래를 골고루 뿌려 준 후 뒤집어 턴다.

5. 모래로 그린 그림 완성!

강릉의 자연을 누리는 법

강문해변 추천 맛집

해파랑물회

주소   강릉시 창해로350번길 17
문의   033-653-3434
운영시간   오전 10시~오후 10시, 비성수기 화요일 휴무

바다를 보며 시원하고 새콤한 물회를 맛볼 수 있다. 지금까지 강릉에서 먹어 본 물회는 단맛이 강한 편이었는데, 이곳의 물회는 단맛보다는 담백한 맛이 나서 좋아한다. 부담 없이 물회 한 그릇을 먹기도 좋고, 조금 더 푸짐하게 모둠회를 주문해 든든하게 배를 채울 수도 있다. 아이와 함께 먹을 메뉴로는 어린이 전복죽과 홍게살비빔밥 등이 있다.

팔도전복해물뚝배기

주소   강릉시 창해로 375
문의   033-653-8882
운영시간   오전 7시 40분~오후 8시 30분

해산물을 좋아한다면 추천하는 곳이다. 뚝배기 한가득 전복과 조개, 홍합 등이 담겨 나온다. 전복해물뚝배기는 국물 맛이 깊고 시원하고, 전복해물순두부는 해물과 순두부를 칼칼한 맛으로 즐길 수 있다. 아이들이 먹을 수 있는 전복죽도 있으며, 문어숙회, 가리비전복숙회 등도 곁들여 먹을 수 있다.

농촌순두부

주소	강릉시 초당순두부길 108
문의	033-651-4009
운영시간	오전 8시~오후 8시 30분, 비성수기 목요일 휴무

순두부전골을 담백한 맛과 얼큰한 맛 중 골라서 먹을 수 있다. 정식으로 주문하면 코다리찜과 낙지가 나온다. 반찬은 그때마다 다르지만, 콩비지와 연근, 두부조림 등 다양한 반찬들이 나와서 아이들과 함께 먹기에 좋다. 다 먹고 나오는 길에 두부를 만들고 남은 비지를 무료로 가지고 갈 수 있다. 포장해서 숙소 냉장고에 넣었다가 집으로 가져가면 한 끼 걱정을 덜 수 있을 것.

한 번이라도 파도 타기에 성공한다면

이제 큰일이다.

바다에 들어갈 날만

기다리게 될 테니.

서퍼들은 사계절 내내 강릉 바다를 찾는다.

스릴 넘치는 바다 액티비티

은현

서핑보드 위에 몸을 납작하게 엎드린 사람들이 숨죽이며 기다리는 그것. 파도가 다가오면 사람들은 재빠르게 몸을 일으켜 출렁이는 파도를 타고 바다를 가른다. 파도가 밀어 주는 힘으로 바다 위를 달리는 시간은 엄청난 짜릿함과 희열을 선사한다. '이 맛'에 사람들은 사계절 서핑을 하러 동해를 찾는다.

평소 여행지에서 다양한 레저스포츠를 즐기는 가족이라면, 아이와 새로운 추억 쌓기에 도전하고 싶다면, 서핑을 추천한다. 서핑점마다 어린이를 위한 강습이 있고, 가족 단위로 수업을 하거나 최대 8명 소수 인원으로 강습을 진행한다.

파도를 타는 짜릿함, 서핑 수업

서핑에서 중요한 동작은 패들링과 테이크오프 두 가지다. 패들링은 서핑보드에서 손으로 바다를 헤엄치면서 앞으로 나아가는 동작이다. 파도를 타기 가장 좋은 위치까지 패들링을 해서 가는 것이다. 패들링할 때는 몸의 중심을 잡은 후 시선을 정면으로 멀리 바라보는 게 중요하다고.

이제 파도가 오면 재빠르게 일어설 일만 남았다. 파도가 서핑보드를 밀어 주면 일어서는 것을 테이크오프라고 한다. 파도에 도전하고 일어서기를 반복하면서 한 번이라도 파도 타기에 성공하면 이제 큰일이다. 그 짜릿함을 잊지 못해 주말과 휴일마다 바다를 찾으려 할 것이기 때문이다.

서핑을 즐기기에 좋은 계절은 가을이다. 동해는 한 계절 늦게 물이 데워지기 때문에 봄에도 물이 아직 차고, 여름을 지나 가을에야 물의 온도가 따뜻해진다. 또한 동해안의 특성상 가을 파도가 더 크게 자주 온다고 한다. 하지만 서핑의 매력에 이미 푹 빠진 서퍼들에게 계절은 크게 중요하지 않은 것 같다. 한겨울을 포함해서 사계절 내내 서핑을 즐기는 사람들을 쉽게 발견할 수 있는 걸 보면.

바다 위의 한가로움, 패들보드

서핑보다 난이도가 쉬운 패들보드도 있다. 패들보드는 서핑보드보다 면적이 넓어 올라타기가 수월하고 안정적이다. 패들보드 위에서 눕거나 쉬면서 만나는 바다는 편안하고 여유롭다.

지인의 딸인 사랑이는 열한 살이 되던 해 처음 패들보드에 도전했다. 오전 9시부터 점심 먹을 때를 제외하고 오후 6시까지 즐겼지만 바다에서 나올 때 너무 아쉬웠다고. 패들보드에 엎드려서 파도를 가장 가까이 느끼며 탈 때의 기분이 너무 짜릿해 쉬이 잊혀지지 않는다고 했다. 지금도 사랑이는 파도만 보면 그때의 짜릿함을 떠올리며 바다에 들어갈 날만 기다리고 있다.

바람을 타는 카이트서핑

바람을 이용하는 서핑도 있다. 송정해변에는 바다 위로 카이트서핑을 즐기는 사람들이 가득하다. 카이트서핑은 대형 카이트^연에 서핑보드를 연결해 물 위를 달리는 레포츠다.

카이트서핑은 동호인들 중심으로 발달했는데, 강릉은 2007년부터 송정해변에서 카이트서핑이 활발하게 이루어지고 있다. 송정해변이 카이트서핑의 성지가 된 이유는 뭘까. 2021년 카이트서핑 국가대표로 활동하고 있는 권순호 강사는 "근처에 남대천이 있어서 바람이 가장 잘 부는 곳"이기 때문이라고 했다. 카이트서핑의 장점에 대해서는 "자연이랑 함께한다는 매력과 물 위를 가르는 환상적인 기분"이라고 말한다. 카이트서핑은 2024년 파리올림픽 정식 종목으로 채택됐다. 배우는 데 시간이 걸리지만, 바람을 따라 자유자재로 바다 표면을 누리는 즐거움은 이를 보상하고도 넘친다.

→ 하평해변

주소   강릉시 사천면 진리해변길 155

허균의 둘째 형인 허봉이 이곳에 살았다고 하여 그의
호를 딴 '하평동'에 있는 해변이다. 이 조용하고 한적한
해변에 서핑점들이 생기면서 이제는 이곳에서 서핑을
즐기는 사람들을 쉽게 볼 수 있다.

→ 금진해변

주소   강릉시 옥계면 헌화로 271

정동진해변을 지나서 있는 해변으로 강릉 시내에서는 차로
50분 정도가 걸린다. 원래는 한적한 해변이었는데, 서핑으
로 유명해지면서 서퍼들로 붐비게 되었다. 금진해변을 따라
서핑을 배울 수 있는 곳들이 하나둘 생겨나고 있다. 강릉의
다른 해변에 비해 수심이 얕은 편이라 서핑뿐 아니라 아이들
과 물놀이를 즐기기에도 좋다.

→ 송정해변

주소   강릉시 송정길30번안길 20-3

강릉의 다른 해변들에 비해 바람이 잘 불어서 카
이트서핑을 즐기기에 좋은 해변이다.

서핑 입문을 위한 Q&A

아이와 함께 서핑에 도전하고 싶지만, 잘할 수 있을까, 어떻게 해야 할까, 고민인 분들을 위해 Q&A 형식으로 설명을 더한다. (도움: 캔디서프, 서프홀릭)

Q. 서핑하기에 적당한 날씨가 있을까?

A. 파도가 있는 날이 좋지만, 물을 무서워하는 아이라면 파도가 잔잔한 날에 서핑을 하는 게 좋다.

Q. 1회 강습으로 아이가 보드에 올라탈 수 있을까?

A. 서핑 강사가 밀어 주는 힘으로 아이들도 비교적 쉽게 올라탈 수 있다. 가족 단위로 서핑을 하면 아이들이 가장 잘 타고, 그다음이 엄마, 아빠 순인데 아이가 가장 가볍기 때문이다.

Q. 수업 첫날이어도 보드 위에 오래 있을 수 있을까?

A. 같은 나이라도 아이들의 운동 신경에 따라 다르다. 평소 운동을 좋아하고 잘하는 아이라면 오래 타겠지만,

그렇지 않다면 많은 연습이 필요하다.

Q. 1회 강습 후 자유 서핑이 가능할까?

A. 서핑은 전신운동이기 때문에 아이도 어른도 오래하기 쉽지 않다. 스스로 서핑보드에 올라가는 것도 1회 강습만으로는 쉽지 않다. 모든 운동이 그렇듯 꾸준히 할수록 잘하게 된다. 무엇보다 서핑에 재미가 붙으면 배우는 속도가 더 빨라질 것이다.

서핑할 때 준비할 사항

1. 선크림은 최대한 많이 구석구석 바른다.

2. 슈트 안에 상의는 탈의하거나 얇은 수영복을 입으면 된다.

3. 평소 안 쓰던 근육을 써야 하기 때문에 서핑을 배우기 전 유산소운동과 근력운동을 해 두면 좋다.

사천해변, 하평해변의 서핑 강습소

모든 강습료에는 보드 및 슈트 대여비가 포함되어 있다.

캔디서프 경포

주소	강릉시 사천면 해안로 900
문의	010-8004-0314
운영시간	오전 8시~일몰
이용료	강습 70,000원(2시간 소요) | 보드 대여 35,000원
	패들보드 대여 50,000원

오전 10시부터 오후 3시까지 사천해변에서 강습이 진행된다. 한 수업당 최대 8명의 인원이 참여하며 8세 이상부터 배울 수 있다. 아이들만 배울 수도 있고, 가족 단위로 신청할 수도 있다. 서핑 입문 강습은 성인 허리 정도 오는 깊이의 바다에서 진행한다. 2시간 강습 후 자유 서핑을 할 수 있다.

포이푸서프

주소	강릉시 사천면 진리해변길 117
문의	0507-1411-7408
운영시간	성수기 오전 8시 30분~오후 4시 30분
이용료	일반 강습 70,000원(2시간 소요) | 보드+슈트 대여 40,000원
	유소년 강습 240,000원(보호자 포함 3인)

하평해변에 있는 서핑점으로, 성수기 기준 하루 3회(오전 10시, 11시, 오후 4시) 아이들을 위한 서핑 강습이 따로 있다. 7세 이상부터 수강 가능하며, 부모와 함께 서핑을 배운다. 수업은 안전 교육과 지상 교육, 수상 교육 등 2시간 30분 소요된다.

강릉의 자연을 누리는 법

금진해변의 서핑 강습소

> 서프홀릭 강릉

주소　　　　강릉시 옥계면 헌화로 275
문의　　　　0507-1315-9584
운영시간　　일출~일몰
이용료　　　강습 50,000~65,000원(1시간 30분 소요) | 보드 대여 25,000원
　　　　　　슈트 대여 10,000원 | 어린이 강습 50,000원(1시간 30분 소요)

초등학교 4학년 이상부터 일반 서핑 강습을 들을 수 있으며, 초등 저학년
은 보호자 동반 하에 강습을 받을 수 있다. 이때 보호자가 함께 강습을 받
으면 강습료가 추가되고, 아이 곁에서 돕는 역할만 하면 추가 비용은 발
생하지 않는다.

송정해변의 서핑 강습소

강릉카이트보딩협회

주소	강릉시 창해로 95번지
문의	강릉카이트보딩협회 033-642-0200
	권순호 강사 010-5374-1807
운영시간	오전 10시~오후 6시
이용료	카이트서핑 체험 100,000원(11세 이상, 1시간 소요)
	카이트서핑 기초 과정 100만 원(12시간 소요)

카이트서핑 기초 과정은 12시간을 배워야 하지만, 1시간 체험도 가능하다. 대형 카이트를 이용해 물에서 세일링(항해)하는 체험을 할 수 있다. 카이트서핑의 특성상 바람이 없는 날은 체험이 어렵기 때문에 날씨를 확인할 때 풍랑도 살펴볼 필요가 있다. 4m/s 이상 바람이 불어야 체험이 가능하다.

아이가 맘껏 뛰어도 층간소음 걱정이 없는 곳,

소나무로 둘러싸인, 공기 좋은 곳

솔향수목원 솔숲광장에서

아이의 속도로 산책하기

이서

아장아장 걷던 아이가 넘치는 에너지를 뜀박질로 방출하기 시작하면서 아이에겐 안 되는 일이 하나 더 늘었다. 집에서 뛰기. 강릉에서도 아파트의 삶은 비슷하다. 위아래 대각선 어디로 울릴지 모르는 층간소음의 주범이 되지 않기 위해 "뛰면 안 돼"를 외치는 나와 눈치를 살피는 아이. 안타까운 마음에 강릉을 마당 삼아 거의 매일 산책을 하러 나갔다. 그날의 기분과 상황에 따라 바다로, 천변으로, 공원으로 그리고 솔향수목원으로.

바다 바람이 심하게 불거나 미세먼지가 심상치 않은 날, 관광지의 인파를 피해 한적하게 자연을 만끽하고 싶을 때, 우리는 솔향수목원을 찾는다. 산과 계곡에 조성한 곳이라 평지는 아니지만 아이가 걷기에도, 유아차나 휠체어로 오르기에도 완만하고 정비가 잘된 산책길이다. 강릉솔향수목원 24만 평의 넓은 부지에는 매서운 바람을 막고 청량한 공기를 뿜어내는 장엄한 소나무와 아름다운 식물 들이 있고, 중앙에 시원한 계곡이 흐르며 공간마다 여유로움이 넘친다. 아이와 함께하기 더할 나위 없이 좋은 환경이지만, 사실 이곳을 제대로 누리기까지 몇 번의 시행착오가 있었다.

유아차로만 산책하던 수목원 길을 처음 아이와 손을 잡고 오르던 날, 입구에서 20분 정도 거리의 유아숲체험장을 목적지로 정했다. 미끄럼틀과 작은 나무집, 터널과 징검다리 등으로 꾸민 흙밭의 놀이터에서 마음껏 뛰어놀 아이를 생각하며 걸음을 재촉했다. 그런데 입구에서 몇 발자국이나 옮겼을까, 아이는 걸음을 멈췄다. 흙이나 꽃가루를 털 때 사용하는 에어건에 시선을 빼앗긴 것이다. 조급한 마음에 좀 더 안쪽인 계곡으로 아이를 끌었다. 이번엔 초봄의 차디찬 계곡물에 들어가려는 아이. 겨우 안고서 또 그다음 길을 걸었다. 완만한 코스인데도 초입부터 숨이 찼다. 뭐 하나 그냥 지나치지 않는 호기심쟁이 덕분에 산책은 도무지 속도가 나지 않았다. 그렇게 중간 어디쯤에서 집으로 돌아가기를 몇 차례,

강릉의 자연을 누리는 법

가다 서다를 반복하는 아이를 어르고 달래며 여러 번의 시도 끝에 겨우 유아숲체험장에 발을 들여놓을 수 있었다.

"봐봐, 여기 엄청 좋지? 이제 마음껏 뛰어놀아."

손을 놓자마자 달려 나갈 줄 알았던 아이는 신나게 뛰어놀지도, 놀이기구를 다 만져 보지도 않았다. 몇 분 뭉그적거린 게 끝이었다. 아, 이번 산책도 망했구나. 섣부른 판단이 머리를 가득 메우고 있을 때, 살랑이는 꽃잎과 바삐 움직이는 개미와 순식간에 날아가는 새와 그 밖의 수목원의 생명들에게 반갑게 인사를 건네는 아이가 눈에 들어왔다. 지친 마음과 미안한 마음이 뒤섞여 아이가 멈춰도 재촉하지 않고 가만히 지켜보았는데, 아차 싶었다. 사실 아이는 누구보다 수목원을 깊숙이 바라보고 교감하며 제대로 산책을 하고 있던 것이다. 아이를 위한답시고 내 속도와 방향에 맞췄던 많은 일들이 머리를 스쳤다.

이제는 수목원에 가면 아이를 재촉하지 않는다. 위험하지 않은 선에서 아이가 이끄는 대로 따르고, 멈추는 곳에서 함께 바라본다. 온갖 생명이 피어나는 소나무 숲에서 아이가 자연을 오롯이 탐색할 수 있도록 충분한 시간을 주는 것이 솔향수목원을 제대로 누리는 방법임을 알았기 때문이다.

이왕이면 마음먹고 온 여행지의 면면을 아이에게 모두

보여 주고 싶겠지만, 지나친 욕심은 자칫 아이의 속도를 잊게 만든다. 나와 같은 시행착오를 겪지 않길 바라며, 아이의 성향과 여행 상황에 맞는 수목원 추천 공간을 꼽았다.

잠시 쉬어 가는 일정으로 수목원을 선택했다면 솔숲광장이나 배롱나무쉼터를 추천한다. 모두 입구에서 멀지 않은 곳이다. 솔숲광장은 푸른 잔디와 나무 조각상이 있어 아이들에게 인기가 많다. 나무 그늘 아래 돗자리 펼쳐 놓고 소풍 기분을 내기에도, 그림 같은 사진을 찍기에도 제격이다.

배롱나무쉼터에서는 꽃과 계곡을 동시에 감상할 수 있는데 특히 쉼터 아래 흐르는 계곡은 무릎을 넘지 않는 깊이로 어린아이들을 위한 아쿠아리움이자 워터파크다. 때가 맞으면 개구리 알과 올챙이, 가재를 볼 수 있고, 물을 무서워하는 아이라도 이곳에서는 물놀이를 시도해 볼 만하다.

잘 걷는 아이라면 산 정상에 도달하는 성취감을 선물하면 어떨까. 하늘정원 전망대로 가자. 정상(해발 260미터)까지 조금 숨이 찰 정도의 코스이고, 나무 데크길로 가면 좀 더 쉽게 걸음을 옮길 수 있다. 녹음이 우거진 산책길의 공기는 수목원 어느 곳보다 상쾌하며, 전망대에서 바라보는 강릉은 마치 꽤 높은 산에서 감상하는 풍경처럼 멋지다.

강릉의 자연을 누리는 법

시간 여유도 있고 아이가 여럿이라면 유아숲체험장까지 욕심내도 좋겠다. 계곡과 꽃밭, 암석원, 온실 등 수목원 주요 공간을 지나야 도착할 수 있다. 아이가 지치지 않도록 천천히 산책길을 걷되 체험장에 도착하면 옷이 흙투성이가 될 때까지 뛰어놀도록 허락해 주자. 놀이터란 함께하는 친구가 많을수록 더 신이 나는 법. 혼자보단 여럿이 있을 때 진가를 발휘할 곳이다. 나무와 흙으로 꾸민 공간은 화려해 보이진 않지만 아이들이 에너지를 발산하기에 부족함이 없다. 다만 숲 체험 프로그램을 진행하고 있을 때는 출입이 금지되니 미리 알아본 후 출발할 것.

전망대   유아숲체험장

솔숲광장

배롱나무쉼터

입구

쉴 새 없이 질문을 쏟아내는 아이가 있다면 숲 해설 프로그램도 눈여겨보자. 수목원에 상주하는 세 명의 숲 해설가가 가족 맞춤형 해설을 제공한다. 아이의 눈높이에 맞는 숲 놀이를 배우고, 자연의 신비로운 이야기를 들을 수 있다.

강릉솔향수목원에서는 아이의 속도에 맞춰 걷자. 계획한 코스를 이탈하거나 목적지까지 가지 못한다고 재촉하지 말고. 산책이 더딜수록 숲과 아이의 교감은 더욱 깊어진다.

→ 강릉솔향수목원

주소	강릉시 구정면 수목원길 156
문의	033-660-2322
운영시간	오전 9시~오후 6시 (동절기 ~오후 5시), 월요일 휴무
이용료	무료

아기와 함께라면 입구 바로 앞 1주차장이 좋다. 2주차장은 언덕이라 짐과 함께 유아차 등을 동반하려면 약간의 힘을 써야 하고, 3주차장은 입구와 꽤 멀다. 자전거나 텐트 등은 반입 금지이고 유아차를 대여할 수 있다. 숲 해설은 홈페이지와 현장 접수 모두 가능하지만 온라인 예약 우선이다. 간단한 도시락은 지정 장소에서 먹을 수 있으며 수목원 내 쓰레기통이 없으니 모두 되가져갈 것. 식물 훼손, 곤충 채집은 금지다. 입구에 매점이 하나 있다.

강릉의 자연을 누리는 법

수목원에서 놀이하기

1. 숲속에서 나만의 보물찾기

추천 연령　만4세 이상

준비물　　종이, 펜

1. 종이에 수목원에서 아이가 찾아볼 것을 미리 적는다.
   (둥근 것, 노란색, 아름다운 것, 향기 나는 것 등 자유롭게)
2. 수목원 산책을 시작할 때, 아이에게 반 접은 종이를
   보여 주고 하나를 고르게 한다.
3. 산책 중에 종이에 써 있는 것을 찾으면 알려 달라고 한다.
4. 아이가 찾은 보물에 관해 이야기 나누며 산책한다.

추천 연령 만2세 이상

준비물 솔잎, 나뭇가지, 테이프(또는 고무줄), 물감,
도화지

1. 떨어진 솔잎 10~20개와 나뭇가지 1개를 줍는다.
2. 솔잎들 끝을 모아 나뭇가지에 테이프 또는 고무줄로
   연결해 붓을 완성한다.
3. 붓에 원하는 색 물감을 묻혀 도화지에 콕콕 찍는다.
4. 여러 색을 사용해 도화지를 꾸민다.

강릉의 자연을 누리는 법

강릉솔향수목원 추천 맛집

다이닝블루

주소   강릉시 구정면 칠성로 13-14
문의   033-645-5771
운영시간   12시~오후 9시, 화요일은 점심만 운영, 수요일 휴무

파란 외벽이 산뜻한 이탈리안 레스토랑. 샐러드부터 파스타, 피자, 스테이크 등 모든 메뉴가 인기 있다. 닭가슴살로 만든 커틀릿은 아이가 먹기 좋은 메뉴. 늘 만석이므로 오래 대기하지 않으려면 예약하는 게 좋다. 점심은 2시, 저녁은 7시까지는 예약해야 한다. 아담하고 예쁜 정원이 있어 아이와 밖에서 인생 사진을 찍으며 시간을 보낼 수 있다.

테라로사 레스토랑

주소   강릉시 구정면 현천길 7
문의   033-648-2760
운영시간   오전 9시~오후 5시

테라로사 커피공장 본점에 있는 분위기 좋은 레스토랑. 9시부터 오픈하는 브런치 식당이라 이른 아침 속을 든든히 채우고 산책길에 나서기 좋다. 촉촉하고 부드러운 식전빵과 올리브오일이 식욕을 자극하고, 수프와 파스타, 샐러드, 샌드위치 등 메인 메뉴도 커피와 조화로운 맛을 이룬다. 음식이 나오는 동안 옆에 있는 온실을 구경해 보기를 추천한다.

카페 선

주소	강릉시 구정면 구정중앙로 207-89
문의	033-644-5874
운영시간	오전 11시 30분~오후 8시 30분, 화요일 휴무
	카페는 오전 10시부터

팔각정 건물에 정겨운 인테리어의 카페로 시작했지만 후에 한정식까지 영역을 넓혀 더 유명해진 곳. 효소를 사용한 양념으로 음식을 요리하는 건강한 식당이다. 한정식 하면 으레 떠올리는 상다리 부러지는 비주얼은 아니지만, 샐러드와 장아찌, 쌈과 나물 등 반찬 하나하나 정성이 담겨 있다. 자극적이지 않고 부담 없는 건강한 맛에 음식을 다 먹고 나도 배가 편안하다.

아이와 걷기 좋은 산책길

노추산 모정탑길

주소   강릉시 왕산면 대기리 1679-8
문의   대기리정보화마을 033-647-2540

강릉과 정선을 잇는 노추산. 여기에 한 어머니가 자식들의 건강과 평안을
바라며 26년간 하루도 거르지 않고 직접 쌓은, 무려 3,000여 개의 돌탑이
있다. 노추산 캠핑장 입구부터 계곡을 따라 소나무 숲길을 걸어가면 만날
수 있는 모정탑길이다. 오랜 세월 흔들림 없이 자리를 지키고 있는 돌탑
의 모습은 애틋함을 넘어 경이로움에 가깝다. 가는 길이 완만해서 아이와
함께 걷기 부담 없다. 아이와 어머니의 사랑에 관한 이야기를 나누며 함
께 소원을 빌어 봐도 좋겠다.

국립대관령치유의숲

주소   강릉시 성산면 대관령옛길 129(숲 입구)
문의   033-642-8382

숲에서의 다양한 활동을 통해 사람들의 몸과 마음을 치유하고자 조성된
곳이다. 시원하게 뻗은 소나무 숲의 상쾌한 공기를 마시며 산책하거나 프
로그램에 참여할 수 있다. 여러 숲길 중 '치유데크로드'는 유아차나 어린

아이의 걸음으로도 걷기 좋은 코스로 약 600m 구간이다. 가족이나 부부, 직장인 등을 대상으로 산림치유지도사와 함께하는 맞춤형 프로그램을 운영한다.

오대산 월정사 전나무 숲길

주소   강원도 평창군 진부면 오대산로 350-1(주차장)
              (강릉 시내에서 차로 약 45분 거리)
문의   오대산국립공원사무소 033-332-6417

평균 80년의 수령을 자랑하는 1,700여 그루의 전나무가 약 1km에 걸쳐 웅장하게 조성된 길이다. 순환길을 다 돌아 나오면 1.9km 구간으로 1시간 정도 소요되는데, 전나무 숲은 완만한 황톳길이라 아이도 힘들지 않게 산책할 수 있고 유아차도 진입이 가능하다. 전나무가 뿜어내는 피톤치드를 마음껏 누리며 걷다 보면 아름다운 새소리가 배경음악으로 펼쳐진다. 숲속 동식물에 관한 안내문도 읽는 재미가 쏠쏠하다.

경포호수

마침 해 질 무렵 경포호수를 걷게 된다면

강릉의 가장 아름다운 순간을 보게 될 것이다.

자전거 산책과 노을 사냥

은현

이제 갓 10개월이 지난 아기는 온 집을 휘젓고 다닌다. 잘 듯 말 듯 오뚝이처럼 일어나는 아기를 보며 하릴없이 다음 걸음을 준비한다. 짐을 챙겨서 아이를 유아차에 태우고 향하는 곳은 경포호수. 잔잔한 호수를 따라 걷다 보면 방금까지도 냉탕과 온탕을 오가며 지쳐 있던 마음이 정상 온도를 되찾는다. '힘들다'는 말이 목구멍까지 차오르던 방금 전의 시간은 온데간데없다.

강릉에 살며 한동안은 바다와 숲에 마음을 빼앗겼지만, 경포호의 매력을 알고 난 후에는 달라졌다. 잔잔한 호수의 표면, 살랑거리는 갈대들, 잔디부터 무성한 숲이 펼쳐내는 푸르름의 그라데이션까지. 눈과 코를 자연의 시간에 적시다 보면 어느새 마음이 여유로워진다. 그래서인지 경포호수공원을 걷고 나면 표정이 한껏 밝아지고 생기가 넘친다.

봄. 벚꽃나무가 하얗게 호숫가를 물들이고 나면, 노랗고 빨간 튤립이 배턴을 이어받는다. 꽃들의 시간이 지나면 이제 푸르름의 시간이다. 가지에 힘을 준 나무들은 푸르디푸른 잎들을 펼쳐놓는다. 가을. 한껏 붉어진 나뭇잎들과 이별하는 시간. 겨울에는 호수를 걷다 보면 마음까지 얼어붙게 하는 추위가 곧 사라진다. 경포호수공원은 사계절이 아름다운 멋진 산책 코스다.

나는 허난설헌 생가에서 시작해 경포호수로 이어지는 산책로를 가장 좋아한다. 쭉 뻗은 소나무 길에 마음을 대책 없이 빼앗겼다가 호수로 이어지는 언덕을 오르면 또 한 번 속절없이 흔들리고 만다. 멀리 보이는 대관령 산자락 아래 그림처럼 펼쳐지는 호수의 풍경. 이 풍경을 보며 '강릉에 오길 잘했다'는 생각을 종종 했다.

가끔은 산책하며 호수공원에 있는 실외 운동기구들을 이용한다. 동그란 판 위에 두 발을 두고 허리를 왼쪽 오른쪽으로 돌리며 바라보는 경포호수는 매번 비현실적으로 아름답다.

강릉의 자연을 누리는 법

경포호수의 낮을 즐기는 법, 걷기와 자전거 타기

둘레 4.2킬로미터의 경포호수를 한 바퀴 도는 데는 도보로 한 시간 정도가 걸린다. 아름답고 고즈넉한 호수를 보면서 시간 가는 줄 모르게 걸을 수 있기에 강릉시민들이 사랑하는 운동 코스다. 이른 아침과 낮, 저녁 어느 때 가도 산책하고 조깅하는 사람들을 쉽게 만날 수가 있다. 이들 사이로 길게 이어진 바큇자국이 있는데 바로 경포호수를 달리는 자전거의 발자국이다. 한때는 선남선녀들이 모여 스텝을 밟았던, 경포를 대표하는 나이트클럽이 있던 상가 1층에는 자전거 대여점들이 자리하고 있다.

4인용 자전거 하나를 빌려 자전거도로로 접어든다. 경포호 둘레의 안쪽 라인은 자전거도로, 바깥쪽 라인은 인도다. 자전거도로는 일방통행으로 지정돼 있어 한 방향으로 타야만 한다.

페달을 밟는 발에 힘을 주기 시작하면 조금씩 앞으로 나아가지만 흔히 말하는 '스피드'를 느끼기엔 택도 없다. 아무렴. 이곳의 자전거는 스피드가 아닌, 풍경 속으로 들어가기 위한 도구라는 걸 잊지 말자.

우리는 자전거를 탄 가족이라는, 하나의 오브제가 되어 경포호수를 장식한다. 벚꽃길, 푸른 숲속, 잔잔한 경포호수라는 예술 같은 풍경에 우리는 하나의 점처럼 녹아든다.

페달을 밟을수록 허벅지는 땅겨 오지만, 얼마 안 되는 속력에도 시원한 바람이 불어 땀을 식혀 준다. 호수를 옆에 두고 온 가족이 함께 자전거를 타며 음악을 듣고, 이야기꽃을 피우며 촘촘히 서로에게 더 가까이 다가가는 시간을 갖는다.

경포호수의 밤을 즐기는 법, 노을 사냥

오후가 되면 해가 서쪽으로 모습을 감추며, 하늘이 붉게 물들기 시작한다. 아이는 하던 놀이를 멈추고 고개를 들더니 입을 연다. "와, 하늘 이쁘다." 언젠가 엄마가 했던 말을 기억하고 아이는 그대로 따라 한다. 아이에게 저 예쁜 건 '노을'이라 가르쳐 준다. 아이는 이 세상의 예쁜 것 중 하나의 이름을 알았다.

매일 해가 뜨고 지는 건 무척이나 당연한 일이지만, 그 풍경을 보는 일은 좀 특별하다. '일출 맛집'인 동해는 일몰과 그에 이어지는 노을을 색다르게 마주할 수 있는 곳이기도 하다. 강릉에 살면서 다년간의 연구 끝에 발견한 '노을 맛집'이 바로 경포호수다.

동해 위로 솟은 해가 대관령 산맥 뒤로 숨으며 노을이

진다. 노을이 맛깔나게 떨어지는 시간은 30여 분 남짓에 불과하다. 하늘이 불타오르려는 신호를 보내면 우리는 부리나케 발걸음을 옮긴다.

돈 한푼 내지 않고 맛보는 노을이지만, 변수는 아이다. 경포호수는 수많은 풍경을 품고 있어서 아이는 호숫가에 닿기까지 수많은 신기한 것들을 마주한다. 호수 주변의 산책로를 걸으며 나뭇잎을 줍고, 저 멀리 헤엄치는 오리를, 처음 보는 벌레를 가리킨다. 연꽃잎에 담긴 물방울을 감상하며 질문을 던진다.

평소엔 쉬엄쉬엄 걸어도 몇 분 안 걸리는 거리이건만, 아이와 함께 걸으면 몇십 분도 부족하다. 방금만 해도 아이의 호기심 어린 모습을 흐뭇하게 바라봤지만, 이대로 가다간 노을을 놓칠 것 같아 마음이 조급해진다. 아이와 협상을 한다. "안겨 갈래?" 다행히 아이는 순순히 품에 안긴다.

지는 해가 내뿜는 강렬한 빛으로 대관령 능선의 굴곡이 뚜렷해진다. 그 주변은 이미 붉게 물들어 있다. 이내 붉은 기는 사그라들고 편안한 오렌지빛 노을로 변해 간다. 경포호수면에 노을이 내려앉으며 분위기는 배가 된다. 반짝임이 수면의 출렁임과 어우러져 기분 좋은 리듬감을 만들어 낸다. 마음이 차분해지며 감상에 젖어 든다. 아이도 마음에 드는 듯 행복한 웃음을 짓는다.

　뜨거웠던 시간도 잠시, 노을은 이별의 색인 보랏빛을 내뿜는다. 주변이 어둑해지자 경포호 주변의 가로등 빛이 선명해진다. 아이에게 작별 인사를 권한다. "노을 안녕. 다음에 또 보러 올게."

돌아오는 길, 노을을 배경으로 찍은 사진 속 가족의 표정은 무척이나 편안해 보였다. '노을을 바라볼 만한 여유를 가진다면, 지금처럼 행복할 수 있지 않을까?'라는 생각도 해 본다. 언제나 그 자리에 있는 자연의 한결같음에서 소소하고 확실한 행복을 찾는다.

→ **경포호수공원**

주소	강릉시 강릉동 263(광장주차장)
홈페이지	gyeongpolake.co.kr

반려견과 원동기를 장착한 이동수단(오토바이, 전동스쿠터 등)은 출입이 금지돼 있다. 경포호수 광장에는 넓은 잔디밭이 있어 돗자리를 깔고 피크닉을 즐기기 좋다.

경포호수 광장에서 뭐 하고 놀까?

연날리기

요즘 연 날리는 풍경이 많이 사라졌다. 아마도 연을 날릴 만한 장소가 없는 것이 가장 큰 이유 같다. 경포호수 광장은 너른 잔디가 펼쳐진 곳이다. 바람만 불어 주면 연날리기 최적의 장소. 여행 전 몰래 연을 준비해 아이에게 깜짝 선물처럼 풀어 보게 하면 어떨까?

캐치볼

아무리 넓어도 사람이 북적이면 자유롭게 공놀이하기가 쉽지 않다. 경포호수 광장은 언제 가도 넓고 여유 넘치는 풍경을 선사한다. 안심하고 공을 준비하자. 아이가 어리면 찍찍이 캐치볼을, 초등학생 이상이라면 글러브와 말랑한 공이 좋겠다.

조류 탐방

광장 한쪽 오리배 타는 길로 들어서면 '조류관찰 오두막'이 있다. 이곳에서 관찰할 수 있는 새들의 사진과 특징이 안내되어 있고, 호수의 새들을 자세히 관찰할 수 있는 두 개의 망원경이 비치되어 있다. 오리를 가장 쉽게 볼 수 있다.

경포호수 광장에서 연날리기

강릉의 자연을 누리는 법

경포호수 추천 맛집

정은숙초당순두부

주소   강릉시 난설헌로 200
문의   0507-1424-3696
운영시간   오전 7시 30분~오후 7시, 화요일 휴무

집안에서 대대로 내려온 두부 만드는 비법으로 지금도 매일 새벽 두부를 만든다. 초계 정씨인 사장님은 어린 시절 지금의 허난설헌기념공원 자리에서 살았다고 한다.
메뉴로 두부전골과 수육이 나오는 초당두부밥상, 두부와 보쌈, 가자미식해가 함께 나오는 두부삼합 등이 있다. 두부전골은 매콤하기 때문에 아이는 두부를 따로 주문해 주거나 수육에 함께 나오는 두부를 먹이면 된다.

이스트홈

주소   강릉시 난설헌로 229-11
문의   0507-1351-9189
운영시간   오전 11시~오후 9시, 화요일 휴무

2020년 초당동에 새로 오픈한 식당으로, 실내도 넓고 한옥문으로 만든 칸막이도 있어서 조용히 식사를 즐기기에 좋다. 아이들이 좋아하는 돈까스뿐만 아니라 파스타, 리소토, 커리 등을 즐길 수 있다. 모든 메뉴에 식전빵과 샐러드, 후식이 코스로 나와 배불리 먹을 수 있다.

경포호수 볼거리

경포가시연습지

주소	강릉시 운정동 643
문의	강릉생태관광협의회 033-923-0299

환경부 지정 멸종위기 식물인 가시연을 볼 수 있는 곳이다. 오래도록 버려진 논을 강릉시에서 매입 후 2008년부터 7년에 걸쳐 경포습지 복원사업을 진행했다. 이 과정에서 땅속에 묻혀 있던 가시연의 종자가 자연 발아하면서 가시연 군락을 이루었다고 한다.

가시연은 7~8월 한여름에 가장 활짝 핀다. 가시연 습지에는 가시연뿐만 아니라 연꽃, 물옥잠, 부들 등 다양한 생물종이 자라고, 법정 보호종인 수달을 비롯해, 다양한 희귀 조류 철새들이 쉬어 간다. 산책로가 잘 조성되어 있고, 경포호수공원과 인접해 있어 경포호수까지 둘러보기 좋다.

경포아쿠아리움

주소	강릉시 난설헌로 131
문의	033-645-7887
운영시간	오전 10시~오후 6시
이용료	일반 18,000원	청소년 16,000원	어린이 14,000원
홈페이지	www.gg-aqua.com

경포아쿠아리움은 경포호수와 맞닿아 있다. 1층에서는 경포호에 살고 있는 민물고기(메기, 잉어, 꾹저구 등)와 바다물고기(잔가시고기, 숭어, 학꽁치, 배도라치 등), 수달, 세계의 담수어 등을 볼 수 있고, 2층에서는 물범과 바다거북, 펭귄 등을 볼 수 있다. 머리 위로 해양생물들이 자유롭게 오가는 해저터널이 있다. 닥터피시 체험도 아쿠아리움에서만 경험할 수 있는 색다른 재미다.

현금을 준비하면 거북이 먹이 주기 체험을 할 수 있고, 매시 정각마다 해설이 있다. 한 시간 정도면 둘러볼 수 있는 규모로, 입장료는 네이버 예약을 이용하면 15% 할인받을 수 있다. 1년 내 재관람을 하면 50% 할인된 금액으로 입장할 수 있다. 이때 기존의 티켓은 꼭 소지해야 한다.

강릉의 벚꽃 명소

경포호수 일대

주소   강릉시 경포로

경포호수를 따라 벚꽃이 그야말로 분홍색 눈송이처럼 예쁘게 피고 날린다. 차를 타고 드라이브하거나 걸으며 벚꽃길에 취해 보자. 저녁에도 화려한 벚꽃은 조명 아래 더 운치 있는 빛깔을 낸다.

경포대

주소   강릉시 경포로 365

관동팔경 중 하나인 경포대 정자에 오르는 길도 벚꽃이 예쁘다. 해마다 벚꽃축제 시즌에는 이곳에서 가야금 연주 등 전통 공연과 댄스 공연, 시 낭송, 시화전, 벚꽃 소망 리본 달기, 투호, 윷놀이, 제기 차기 등 전통놀이 체험행사가 열린다. 축제 기간에 경포대 정자에 오르면 전통차를 마시며 경포호수를 내려다볼 수 있다.

강릉의 자연을 누리는 법

허균허난설헌기념공원

주소　　　　강릉시 난설헌로193번길 1-16

허균허난설헌기념공원 입구부터 곳곳에서 화려하게 핀 벚꽃을 감상할 수 있다. 한곳에 몰려 있는 벚꽃나무에서 핀 벚꽃이 마치 산을 이룬 듯 장관이다.

벚꽃은 일주일 정도 화려하게 피고 지는데, 벚꽃이 지고 나면 4월 중순경 이곳에 '왕벚꽃'이라고 불리는 겹벚꽃이 핀다. 벚꽃보다 훨씬 꽃잎이 크고 동그랗다.

벚꽃이 화려한 느낌이라면, 겹벚꽃은 은은한 느낌이다. 강릉에서 처음 겹벚꽃을 알게 된 후 그 매력에 빠졌다. 벚꽃 구경을 놓쳤다면 이곳에서 겹벚꽃 구경을 해 보자.

남산공원

주소　　　　강릉시 노암동 740-1

경포호수와 함께 강릉의 대표적인 벚꽃 명소다. 입구에서 공원으로 오르는 190여 개의 계단 위로 펼쳐지는 벚꽃의 풍경이 예쁘다. 남산공원에 오르면 쉼터와 잔디광장, 산책로 등이 조성되어 있어 쉬어 가기 좋다. 넓은 잔디광장은 돗자리를 깔고 쉬거나 아이들이 마음껏 뛰어놀 수 있는 공간이다. 배드민턴장도 이용할 수 있다.

허균허난설헌 생가의 겹벚꽃

강릉의 자연을 누리는 법

걷다 보면

어느덧 묵직해진 다리와

한결 가벼워진 마음

정동심곡 바다부채길을 걸으며

걷고 바라보고 사랑하라

이서

세상은 점점 편리해지는데 어쩐지 나는 점점 바빠지는 기분이다. 몸을 쓰는 일은 줄었지만 신경 쓸 일이 자꾸만 늘어간다. 맛있는 음식을 먹거나 남몰래 하는 기도로도 도저히 마음의 여유를 찾을 수 없는 날이면 무작정 바다에 갔다.

가만히 바라보는 바다도 훌륭하지만, 꼬깃해진 마음을 달래기엔 몸을 움직이며 자연을 적극적으로 취하는 편이 더 효과적이었다. 수영이나 달리기 수준까지 갈 것도 없이 그냥 바다 곁을 걷기만 해도 된다.

강릉은 주문진에서부터 도직해변까지 약 77킬로미터의 해안선을 따라 스무 개가 넘는 해변을 품고 있다. 이 중에는 모래사장을 무겁게 걷지 않고도 바다를 만끽하며 산책할 수 있는 곳이 있다.

바다를 느끼며 가볍게 걷기 좋은 곳으로는 송정해변 숲길을 추천한다. 난이도로 치자면 최하. 바다를 마주하고 넓게 펼쳐진 울창한 소나무 숲을 산책하자.

강릉시는 바닷바람을 막기 위해 안목에서부터 주문진 방향으로 이어지는 해안가에 약 158만 제곱미터 면적(축구장 200개 정도의 크기)의 해송림을 조성했는데, 송정해변은 그중에서도 도로 양옆으로 빽빽이 들어선 아름다운 소나무로 유명하다. 관광객은 물론이고 현지인들의 사랑을 듬뿍 받아 늘 많은 이가 찾는 곳이지만, 숲이 넓고 사방으로 걸어도 되니 막상 산책을 시작하면 어느새 한가롭게 숲을 거닐고 있는 스스로를 발견하게 된다.

음악을 듣겠다고 이어폰을 꺼내지 않으면 좋겠다. 소나무 숲을 걸으며 듣는 파도 소리는 그 어떤 음색보다 청량하고, 파도가 잔잔한 날이면 아름다운 새소리가 고요를 채운다. 평탄하진 않지만 소복히 쌓인 솔잎으로 더 폭신해진 흙길은 걸음을 편안하게 만들어 어린아이들도 부담 없이 걸을 수 있다. 그늘과 양지가 뒤섞인 숲길이 더위를 달래 주고 서늘함을 데워 주며 간만의 산책을 응원해 주는 것만 같다. 힘들면 언제든 풍경을 바라보며 쉬어 가라는 듯 벤치도 곳곳에 설치되어 있다.

　　　　　　　　강릉의 자연을 누리는 법

해무가 가득한 날은 신비로운 광경으로, 볕이 뜨거운 날엔 시원한 그늘로, 옅은 비가 오는 날에는 한층 짙어진 솔향으로 언제나 오는 이들을 반갑게 맞는 산책길이다. 입구도 출구도 신경 쓰지 말고, 곧장 직선으로 걸어가 소나무 숲의 끝을 찍고 오겠다는 욕심도 내려놓고 걷자. 느린 걸음으로 숲을 헤매다 보면 희미했던 마음의 길은 좀 더 뚜렷해질 것이다.

바다와 더욱 가까이에서 자연에 흠뻑 취한 걷기를 원한다면 정동심곡 바다부채길이 제격이다. 정동진에서 심곡을 연결하는 해안선을 그대로 따라 만든 길이다. 불과 몇 년 전만 해도 해안경비 군사지역으로 일반인에게 허락되지 않았던 2.86킬로미터의 길은 무려 2300만 년 전의 지각변동을 관찰할 수 있는 탐방로가 되어 세상에 공개됐다.

대지와 해수면이 헤아리기 힘들 만큼의 시간 동안 변화하고 또 변화하며 지금 이곳에서 천혜의 비경이 된 것인데, 그래서 걷기의 편리성보다는 원시자연을 최대한 보존하는 방향에 더 무게를 두고 조성된 길이다. 난이도는 중상, 편한 신발은 필수다.

하늘에서 본 모양이 부채와 비슷하다고 해서 붙여진

이름이라는 것과 눈앞의 자연이 지반의 융기와 해수면의 하 강의 반복을 통해 바다 아래 있던 대지가 해수면 밖으로 솟 아올라 형성됐다는 역사를 모르고 걷기 시작했더라도 괜찮 다. 편도 한 시간 거리를 걷는 동안 흔히 볼 수 없는 경이로 운 풍경이 끊임없이 스스로를 설명할 테니까. 모래사장이 펼쳐진 해변에서 듣던 것과 사뭇 다른, 기암괴석을 때리는 청량한 파도 소리를 들으며 한 걸음 한 걸음 내딛다 보면 어 느덧 묵직해진 다리와 맞바꾼 한결 가벼워진 마음으로 출구 를 나오고 있을 것이다.

강릉의 자연을 누리는 법

→ 송정해변 숲길

주소 　　 강릉시 송정동 산63-1

소나무 숲 안으로 차는 들어갈 수 없고, 해변 근처 주차장을 이용해야 한다. 간단한 음식을 소나무 숲에 마련된 벤치나 돗자리 위에서 먹는 건 가능하지만, 텐트 치기나 취사 등의 야영 활동은 모두 금지다. 송정해변 주차장에 주차한 후 소나무 숲속을 자유롭게 걸어도 좋고, 유아차가 있다면 안목해변이나 강문해변 근처에 주차한 후 송정해변 쪽으로 인도를 따라 걸어도 좋다. 단, 인도가 아주 고른 편은 아니고 다시 돌아갈 길까지 고려해야 한다.

→ 정동심곡 바다부채길

주소 　　 강릉시 강동면 정동진리 52-11 (정동 무료 주차장)
문의 　　 정동 매표소 033-641-9444
　　　　 심곡 매표소 033-641-9445
운영시간 오전 9시~오후 5시 30분(동절기~오후 4시 30분)
이용료 　 일반 3,000원 | 청소년 2,500원 | 어린이 2,000원
홈페이지 searoad.gtdc.or.kr

정동과 심곡 한 곳에서 출발해 다른 곳으로 나가도 좋고 다시 출발했던 곳으로 돌아와도 된다. 같은 길이지만 반대 방향에서 보는 풍경이 결코 지루하지 않다. 탐방로에 남아 있는 군 초소는 사진 촬영 금지 구역이며, 탐방로 내 모든 구간은 취식 금지다. 계단이 많아서 등산스틱을 챙기면 도움이 되고, 바닥이 미끄럽지 않은 편한 운동화는 필수다. 파도 세례를 받을 수 있으니 손수건을 챙기면 좋다. 기상에 따라 입장 가능 여부가 매일 다르다. 전화 문의나 홈페이지를 통해 먼저 확인해야 한다.

솔방울 모빌 만들기

추천 연령   만2세 이상

준비물   솔방울, 조개껍데기, 나뭇가지, 실

1. 산책길에 솔방울, 조개껍데기, 나뭇가지를 줍는다.

2. 이물질을 깨끗하게 털어 준다.

3. 솔방울과 조개껍데기에 실을 감은 후 나뭇가지에
   연결한다. 이때 실이 엉키지 않도록 주의!

4. 1~2단 모빌로 완성한 뒤 숙소에 걸어 둔다.
   (숲에서 바로 만들어도, 숙소에서 만들어도 좋아요!)

           강릉의 자연을 누리는 법

계절을 조금 일찍 맞이하고 싶거나

계절을 조금 늦게 떠나 보내고 싶을 때

안반데기에 간다.

눈이 오는 날엔 눈썰매를 타기 좋은 안반데기 길

계절이 오래 머무는 곳

은현

지나가면 사라질, 계절이 주는 '찐한 느낌'을 느끼고 싶을 때 안반데기에 올라 보자. 봄에는 긴 겨울을 뚫고 나온 새싹으로 가득한 푸릇한 초원, 여름이면 더위를 식혀 주는 시원함과 풍성한 배추밭의 절경, 가을에는 울긋불긋한 단풍, 겨울엔 눈 쌓인 이국적인 풍경을 선물해 주는 곳이기 때문이다. 계절을 맛보는 동안, 마음속에는 또 하나의 찐한 느낌이 더해질 것이다. '살아 있다'는 느낌이.

단풍이 물드는 안반데기의 가을

부쩍 따뜻해진 날씨 때문인지 단풍 소식이 늦은 가을, 이대로 가을을 놓쳐 버리기엔 아쉬워 단풍이 물들었다는 안반데기로 향했다.

안반데기. 최근 몇 년 새 '차박 성지', '은하수 성지'로 유명해졌지만 강릉에서 태어나 자란 내게도 익숙하지 않은 지명이었다. '하늘 아래 첫 동네'라고 불리며, 우리나라에서 사람이 거주하는 가장 고지대라는 독특한 타이틀도 갖고 있다.

해발고도 1,100미터에 위치해 있어 서늘한 기후 덕분에 한여름에 고랭지 배추를 수확한다. 교과서에서 배우는 고랭지 배추를 눈으로 직접 확인할 수 있는 곳. 추석 전까지 우리나라 대부분의 배추는 이곳에서 생산된다. 여름이면 수십만 평의 넓은 밭에 푸릇푸릇한 배추를 심은 모습이 장관을 이뤄 관광객들의 발길을 붙잡는다. 마침 찾은 날은 배추는 모두 수확한 뒤였고, 밭에 뿌린 거름 냄새가 가득했다.

거름 냄새에 경직된 남편을 두고 혼자서 멍에전망대에 올랐다. '배추밭에 무슨 볼 게 많다고 유명한 걸까?' 의아한 마음은 멍에전망대에서 풀렸다. 한쪽으론 이국적인 풍차 아래 비탈진 밭의 풍경이 멋졌고, 반대편으로 산 능선을 타고 붉게 물든 단풍의 향연이 오감을 자극했다. 안반데기로 오르는 산 길목 곳곳에도 단풍이 멋져서 몇 번이고 카메라에 가을을 담았다.

안반데기는 화전민들이 정착해 농사를 지으면서 개간을 시작한 곳이다. 기계를 사용하기 어려워 소와 곡괭이를

강릉의 자연을 누리는 법

이용해 약 60만 평 규모의 비탈진 밭을 일구었다고 한다. 떡메로 떡을 치는 '안반'처럼 우묵한 모습을 닮은 것과 평평한 땅을 의미하는 '데기'를 합쳐 '안반데기'라 불린다. 멋진 풍경이 있는 관광지인 줄만 알고 찾았는데 안반데기의 역사를 알고 나니 조금 숙연해졌다. 멍에전망대에 오르는 길에 웬 돌이 많이 쌓여 있어 궁금했는데, 산을 개간해 밭을 일군 고된 노동의 흔적이라니.

설경이 멋진 안반데기의 겨울

해가 바뀌고 겨울에 다시 안반데기를 찾았다. 이번에는 셋이었다. 아이에게 생애 첫눈을 보여 주고 싶었다. 몇 번의 심호흡 끝에 도착한 안반데기는 숨겨진 보석처럼 빛났다. 하얀 눈이 산과 비탈진 밭을 뒤덮어 차분하고 이국적인 풍경이었다. 여기가 스위스인지 강릉인지 구분이 가질 않을 정도로 아름다운 풍경. 얼굴 가득 미소를 품은 아이는 말없이 눈을 밟았다. 눈길을 함께 걸으면서 나도 설렜다.

아버지께 듣기로 안반데기는 눈이 많이 오고 잘 녹지 않아서 오래전 이곳에 살았던 주민들은 겨울이면 종종 고립돼 헬기로 식량을 전달받았다고 한다. 지금도 한겨울 눈이 많이 오면 안반데기로 가는 도로가 통제되기도 한다.

산 너머 '이런 곳에 마을이 있을까' 싶은 곳에 척박한 땅을 개척한 사람들의 삶의 투쟁이 절박함으로 다가왔다. 농사 지을 땅이 간절했던 사람들의 절박함이 지금의 풍요로운 안반데기를 만든 게 아닐까.

한여름에도 안반데기는 서늘하다. 옷을 한 겹 더 걸쳐야 할 정도. 숨이 차오르게 더운 한여름 날에는 바다 말고 안반데기를 한번 다녀와야겠다.

> **→ 안반데기**
>
> 주소　　　　강릉시 왕산면 안반덕길 428
>
> 입장 및 주차료 무료. 안반데기 마을 주차장에 주차한 후 걸어서 멍에전망대 또는 일출전망대에 오를 수 있다. 주차장 입구에 실외화장실이 하나 있고, 카페도 있어 추운 날 따뜻한 차로 몸을 녹일 수 있다. 눈이 오거나 기온이 많이 떨어지는 날에는 경사진 도로가 미끄러울 수 있으니 스노타이어 장착과 안전 운전은 필수다.

안반데기 사계절 제대로 누리자

봄, 여름   친환경 에어컨 ON!

봄이 끝나기도 전부터 더워지는 날씨. 그렇지만 에어컨 바람이 꺼려졌다면 여기 안반데기에서 친환경 에어컨을 누리자. 안반데기에 가까울수록 더해지는 쾌적한 공기는 자연이 주는 선물이다. 송글송글 맺혔던 땀방울이 서늘한 공기에 금세 식는다.

가을   가는 길도 즐겁게

가을이면 안반데기 가는 길은 수려한 단풍으로 물든다. 아이와 차에서 내려 사진도 찍고 단풍잎을 주워 안반데기에 오르자. 안반데기의 바람에 낙엽을 날려 보면 어떨까? 숙소에도 조금 가져와 미술 놀이 재료로 써도 좋다.

겨울   신나는 눈썰매 타기

한겨울 안반데기는 눈 세상으로 바뀐다. 조심조심 눈길을 지나 오른 안반데기에서 뽀득뽀득 눈을 밟아 보고, 눈썰매를 대여해 신나게 타 보자. 안반데기 입구에서 눈썰매를 대여한다.

해 뜨기 전 안반데기

5월 안반데기에서 올려다본 밤하늘과 은하수

오래 기억될 아침과 밤

이서

빼어난 풍경을 품은 안반데기는 손꼽히는 강릉 명소지만, 주말 어렵게 시간을 내어 강릉에 온 지인들에게 선뜻 추천하지 않는다. 대부분 바다를 보며 여유로운 시간을 보내고 싶어 온 이들이라 안반데기까지 일정에 넣어 바쁘게 오가다 보면 고된 하루를 보낼까 봐, 행여나 그 피로가 강릉을 기억하는 이미지로 남진 않을까 하는 걱정이 앞서기 때문이다.

그런데 사춘기 자녀와의 여행지 추천이라면 사정이 달라진다. 자녀와 일상에서 공감대가 점점 사라지고 설명할 수 없는 거리를 느낀다는 지인에게는 안반데기를 적극 추천한다. 그곳에서 마주한 일출과 별들이 그 거리를 조금은 줄여 줄 수 있으리란 확신이 들어서다. 여유로운 바다보단 부지런히 움직인 후 맛보는 황홀한 풍경이 몇 마디 조언보다 강렬한 자극이 되어 아이의 마음 깊숙이 기억될 것이라는 확신.

해 보지 않고는 모를 일이지만, 어쨌든 마음을 먹었다면 부지런히 움직여야 한다. 일출을 보려면 적어도 해가 뜨기 한두 시간 전, 안반데기로 향하는 것이 좋다. 강릉 시내에서 안반데기까지는 40분 정도 거리인데, 커브길이 연속되는 대관령 옛길을 통해야 하기 때문이다. 불빛 하나 없는 새벽과 밤에는 속도를 내기 더욱 어려우므로 시간을 좀 더 넉넉하게 잡아야 초행길의 불안함을 덜 수 있다.

한여름이라도 옷은 단단히 챙겨 입어야 한다. 거대한 풍력발전기에서 짐작할 수 있듯, 안반데기의 바람은 세고 새벽의 온도는 훨씬 낮다. 샌드위치와 따뜻한 음료 등을 챙겨 차 안에서 요기하면 주차 후에 일출전망대까지 올라갈 체력에 도움이 된다. 아이와 천천히 전망대에 오르다 보면 서광이 안반데기의 능선을 부드럽게 타고 흐르면서 광활한 배추밭의 모습을 서서히 보여 줄 것이다.

우리 부부가 안반데기에 오른 건 8월이었다. 암흑만 남은 산길을 달려온 탓에 주차장에 도착할 때까지 신경이 곤두서 있다 주차를 하고 나서야 긴장이 풀렸던 기억이 난다.

강릉의 자연을 누리는 법

전망대 근처에서 각자 자리를 잡은 사람들 모두가 해 뜨기 전 풍경에 흠뻑 취해 조용히 일출을 기다렸다. 어느 순간 구름 사이로 모습을 살짝 드러낸 태양이 천천히 떠오르다 순식간에 올라왔다. 그 강렬한 모습에 와, 나도 모르게 소리가 나왔다. 구름 틈으로 길게 새어 나온 빛이 풍력발전기와 그 아래 배추밭과 끝없이 이어진 능선들을 비추는데, 마치 구름 위에서 그 풍경을 보는 듯한 착각이 들었다. 나는 그날 황홀하다는 말의 뜻을 제대로 실감했다.

안반데기의 황홀함은 밤이 되면 더욱 깊어진다. 사람이 많이 살고 있지 않은 높은 지대. 하늘과 맞닿아 있으면서 빛 공해가 적은 안반데기는 별 보기에 최적화된 장소다. 이미 사진작가들에겐 소문 날 대로 소문이 났고, 이제는 여행자들도 별을 보기 위해 많이 찾는 곳이 됐다.

별 마중을 위해서라면 밤 10시쯤엔 숙소를 나서야 한다. 별자리 어플도 하나 다운로드하고, 언제든지 소환할 은하수 사진도 찍어 보자는 마음으로 성능 좋은 카메라도 하나 챙기자. 날씨를 미리 확인하는 건 필수다. 구름이 많거나 비가 오는 날, 미세먼지가 심한 날엔 별이 잘 보이지 않는다. 충분히 고려해서 고른 날이라도 별이 잘 보이지 않을 수 있다. 혹여나 함께한 이들이 너무 실망하지 않도록 출발 전에 꼭 일러 두자. 준비를 단단히 해도 하늘의 사정은 우리의 예상과 다를 때가 많다. 갑자기 몰려온 구름에, 높아진 습도에 아무것도 보지 못하는 경우는 흔하다고.

우리가 갔던 날은 다행히 날이 좋았다. 감사한 마음으로 풍력발전기 근처에서 별을 기다렸다. 칠흑같은 어둠이 자리를 잡자 별들이 하나둘 존재감을 드러내기 시작했다. 까만 여백에 밀도를 더해 가던 별이 어느 순간 쏟아질 듯 많아졌다. 안반데기의 일출이 넋을 잃게 만드는 황홀함이라면, 밤하늘은 사색하게 만드는 황홀함이었다. 몇만 광년의 거리를 사이에 둔 무수한 별들을 보고 있자니, 고민과 잡념들은 사라지고 온전한 자유가 느껴졌다. 그리고 잡념이 사라진 자리에 기분 좋은 생각들이 채워졌다. 밤새 별 잔치를 즐기고 돌아와도 피곤하지 않았던 건 이 때문일 거다.

아이가 좀 더 크면 부지런히 안반데기의 아침과 밤을 함께 해야겠다. 배추밭에 배추가 몇 개인지 엉뚱한 내기도 하고, 영롱한 별만큼이나 초롱초롱 빛나는 아이의 눈을 보며 별자리에 얽힌 재미있는 이야기들을 들려 주고 싶다. 오래 지나도 기억될 안반데기의 아침과 밤을 어서 선물하고 싶다.

강릉의 자연을 누리는 법

안반데기 일출과 별 마중 꿀팁

배추밭의 일출이 보고 싶다면?

안반데기의 일출은 언제 보아도 수려하지만, 배추가 비탈길을 정갈하게 채운 모습과 함께 보고 싶다면 7~8월이 좋다. 고르게 심은 적당한 크기의 배추들이 안반데기를 푸르게 덮는 7월도, 출하를 기다리는 싱싱하고 꽉 찬 배추가 빽빽하게 보이는 8월도 모두 아름답다. 단, 수확 시기는 매년 다를 수 있으니 미리 알아보고 가야 헛걸음하지 않는다.

별과 은하수를 동시에 즐기자

안반데기에서 별과 함께 은하수를 사진에 담고 싶다면 5월이 적기다. 3~8월에도 은하수를 볼 수 없는 건 아니지만, 은하수가 뜨는 시간이 3월은 새벽 4시고, 뒤로 갈수록 점점 빨라진다. 5월은 빛이 없는 새벽 1~3시 사이에 은하수를 볼 수 있고 습도도 낮아 가장 좋다. 5월 중 달빛이 적은 그믐날 전후로 구름이 없고 비가 오지 않는 맑은 날을 고르면 성공 확률은 올라간다.

모두를 위한 에티켓

일부 여행자의 비상식적인 행태 때문에 안반데기 곳곳에 금지 안내판이 세워지는 중이다. 배추 수확기에 주차장이 아닌 농로에 주차하는 행위, 통제된 도로에 들어가는 행위, 화장실 등에 쓰레기를 투기하고 작물을 무단 채취하는 행위, 지정된 장소가 아닌 곳에서의 차박과 취식, 모두 금물이다. 오고 간 흔적을 남기지 않도록 최대한 노력하자.

안반데기 추천 숙소

안반데기관광농원

주소   강릉시 왕산면 안반데기1길 203
문의   010-8547-4744

안반데기에서 별을 보고 차박을 한 후 일출까지 보고 내려오겠다는 계획
을 짰다면 이곳을 기억하자. 자연농법으로 나물을 재배하며 귀농을 교육
하는 농장으로, 산나물 장아찌를 5만 원 이상 구입하는 사람에 한해 차박
할 수 있는 장소를 빌려 준다. 화장실과 취식할 수 있는 공간이 있으며, 샤
워실은 없다. 하루 20대의 차량만 받으니 방문 전에 문의는 필수다.

하늘농장펜션

주소   강릉시 왕산면 안반데기길 440
문의   033-643-5520, 010-5378-5520

일출과 은하수 스팟을 걸어서 갈 수 있는, 안반데기의 얼마 없는 숙소다.
안반데기를 오고 가기에도, 차박을 하기에도 피곤할 것 같은 여행객이라
면, 특히 어린아이와 함께한다면 눈여겨볼 것. 따뜻한 방과 포근한 침대,
쾌적한 시설을 자랑한다. 맛있는 저녁을 먹고 여유를 좀 즐기다 걸어서 별
을 보러 가기 좋다. 일출도 물론이다. 근처에 마트는 없다.

안반데기 추천 맛집

성왕돈까스

주소	강릉시 성산면 구산길 55
문의	033-643-8743
운영시간	오전 11시~오후 7시, 화요일 휴무

'성산의 왕돈까스'라는 원래의 가게 이름이 이해가 갈 정도로 돈까스 크기가 크다. 돈까스를 주문하면 두 개의 큰 돈까스가 나오는데 하나는 맛있게 먹고 하나는 포장해 갈 가능성이 크다. 하나를 시켜서 아이와 함께 나눠 먹기에 좋다. 맛도 좋아서 한번 가면 또 생각나는 곳이다.

초원쌈밥

주소	강릉시 성산면 구산길 63
문의	033-641-9588
운영시간	오전 11시~오후 8시, 수요일 휴무

생선 또는 고기를 여러 종류의 쌈과 함께 즐길 수 있다. 생선을 좋아하는 아이라면 생선쌈밥, 고기를 좋아하는 아이라면 삼겹쌈밥을 주문하면 한 끼 든든히 먹을 수 있다. 인기가 많기 때문에 안반데기에서 내려오는 길에 전화로 예약하면 기다리는 시간을 줄일 수 있다.

강릉의 자연을 누리는 법

초여름 단경골에서

강릉에는 물 좋은 계곡도 많다.
한여름에도 서늘한 단경골과
산속 풍경이 아름답기로 널리 알려진
소금강 계곡.

단풍이 아름답게 물든 소금강 구룡폭포
ⓒ국립공원공단

한여름의 더위를 부탁해

주성

결혼하고 첫 여름 휴가를 아내의 고향이자 내겐 처가인 강릉으로 왔었다. 처가와 멀지 않은 곳에 흐르는 계곡물을 보며 장인어른께 말했다. "여름엔 이곳에서 놀아도 좋겠네요." 이런 내게 장인어른은 딱하다는 표정으로 말씀하셨다.

"왜 이런 물에서 노나. 더 좋은 데가 많은데."

강릉에 살며 알았다. 단경골과 소금강 계곡 등 강릉에는 좋은 계곡이 많다는 것을.

강릉 서쪽에서 남북으로 이어진 백두대간은 봄이면 산불의 원인이 되는 건조한 바람을 강릉에 불어넣는다. 이는 겨울이면 종종 쏟아지는 눈 폭탄의 원인이기도 하다. 반면 백두대간이라는 거대한 장벽은 봄에는 황사의 피해를 덜어 주고, 겨울에는 내륙보다 따뜻한 기온을 유지해 준다. 또 여름에는 울창한 숲과 계곡으로 시원한 쉴 곳을 마련해 준다. 강릉의 계곡들은 이 백두대간의 자락에서 시작한다.

외딴 곳의 황홀한 물놀이, 단경골

단경골은 한때는 강이었던, 하지만 점점 수량이 줄어 지금은 하천이 되어 버린 군선천 상류에 위치한다. 계곡으로 향하는 길은 '골'이라는 이름처럼 굽이진 골짜기다. 깨끗이 포장되었지만 차 두 대가 동시에 오가지 못할 정도로 좁다. 그만큼 외진 곳이다. 고려가 망하고 이곳으로 몸을 피한 고려의 충신들이 이곳에 고려 역대 왕들의 위패를 봉안하기 위해 단을 쌓았다는 이야기가 지명인 '단경'의 유래가 되었다.

하나밖에 없는 굽이진 길을 따라 올라가면 단경골의 다채로운 모습을 만날 수 있다. 하류는 폭이 넓고 완만한 계곡이라면, 상류로 올라갈수록 작지만 아담한 웅덩이와 계곡, 울창한 나무들이 이어진다. 당일치기 여행자는 대개 상류로, 하룻밤 자고 가려는 여행자는 편의시설이 마련된 하류에서 머문다.

상류 계곡에 도착해 계곡물에 손을 담가 본다. "으으 춥다." 산에서 흘러 내려온 물은 한낮의 여름에도 얼음장같이 차갑다. 그러니 오전에는 물에 들어갈 생각을 하지 않는 것이 좋다. 이 물은 한여름의 뜨거운 태양을 반나절 정도 쬔 오후 3시 즈음에서야 비로소 물놀이를 할 만해진다. 그래서 오후 시간대 방문객들도 많다. 물론, 일찍 와서 자연 에어컨을 즐기기에도 부족함이 없다. 울창한 나무 그늘과 계곡물의 도움으로 한여름에도 내내 서늘한 이곳에선 돗자리에 엎드려 책을 읽어도 좋고, 낮잠을 즐겨도 좋다.

오후가 되면 계곡물에 손발을 적시며 물놀이를 준비한다. 계곡이라고 얕봐선 안 된다. 중심부의 바닥이 보이지 않는 웅덩이는 종종 어른도 아찔할 정도로 깊다. 어른이든 아이든 구명조끼나 튜브를 꼭 착용해야 한다.

계곡 바닥의 돌에는 미끄러운 물이끼가 켜켜이 붙어 있다. 지저분하지 않을까 걱정하지 않아도 된다. 빛과 물속의 플랑크톤이 만나 생기는 물이끼는 물속의 잡초라고 생각하면 된다.

아이와 함께 물가에서 물놀이를 하면 더위에 지쳤던 몸이 서서히 회복되고 있음을 느낄 수 있다. 연신 파도가 치는 바다와는 달리 이곳에는 잔잔한 물결뿐이다. 바깥은 한여름이지만 계곡가는 쾌적하고 한적하다. 이렇게 또 한여름의 하루를 충실히 즐겨 보자.

베짱이처럼 놀고, 또 먹고, 소금강 계곡군

오랜 시간 동안 소금강을 '소금+강'이라 생각했다. 북쪽의 금강산에 비견될 만큼 수려한 경치로 '작은 금강'이라는 이름이 붙었다는 사실을 알고는 멋쩍었던 기억이 있다.

소금강이란 이름을 가진 곳은 전국에 몇 군데 있다. 그중 으뜸으로 오대산 자락의 소금강을 꼽는다.

오대산 자락에서 흘러내리는 물길이 모여 만들어진 연곡천은 강릉 북부지역의 식수를 책임진다. 흔히 연곡천의 상류 중 물놀이가 가능한 송천, 솔봉, 삼산장천, 취선암 등 계곡 여럿을 묶어 소금강 계곡이라 부른다. 오대산국립공원과 맞닿아 등산객과 캠핑족이 많이 찾는 곳이다.

물놀이가 가능한 소금강 계곡으로 향하는 길은 도로가 잘 닦여 있는 편이다. 산을 향해 차를 몰면 그 옆으로 여러 계곡을 만날 수 있다.

단경골의 계곡이 첩첩산중의 외진 느낌이라면, 이곳의 계곡은 탁 트여 있다. 계곡의 폭도 넓고 물속도 얕은 편이다. 폭이 넓은 탓에 나무 그늘도 한쪽으로 져 있어 햇볕에 닿은 수면의 온도도 빨리 올라가나 보다. 오전부터 물놀이하기에 부담이 없는 수온이다. 상류에 속하는지라 물 역시 맑다. 아이들도 부담 없이 첨벙거리며 놀 수 있다.

강릉의 자연을 누리는 법

이곳을 이용하는 방법은 두 가지다. 하나는 마을에서 운영하는 유원지에 입장하는 것과 다른 하나는 인근의 식당 평상을 이용하는 것이다. '불법이다, 바가지다' 하는 말들에 그동안 계곡 근처 식당을 꺼리다가, 정말 오랜만에 계곡 앞 식당을 이용해 봤다. 실제로 가 보니 음식 가격도, 시설물과 계곡과의 거리도 합리적인 수준이었다. 물놀이만큼이나 먹고 마시며 휴식하기를 원한다면 계곡에 인접한 식당들이 적당한 선택이 될 것이다.

물놀이 비중을 크게 생각한다면 마을 유원지를 추천한다. 유원지는 성수기인 7월부터 8월 말까지 유료로 운영된다.

→ 단경골

주소   강릉시 강동면 언별리 단경골 계곡

단경골 계곡으로 들어가는 길은 차 한 대가 지나갈 수 있는 폭이라서 반대편에서 차가 오면 잠시 옆쪽으로 자리를 비켜 줘야 한다. 단경골 초입은 물이 얕고 유료로 평상을 대여해서 물놀이를 즐길 수 있기 때문에 사람들이 많다. 상류로 올라갈수록 물도 더 깊어지고 조금 더 한적하게 물놀이를 즐길 수 있다.

쓰레기 등으로 몸살을 앓은 단경골은 환경보호와 기반시설물 개선 보수 공사 등을 이유로 휴식년제를 도입해 2020년 여름부터 1년간 출입을 통제했다.

→ 솔봉계곡쉼터

주소   강릉시 연곡면 진고개로 1186
문의   010-2249-6579
이용료   평상 대여 50,000원 | 캠핑장 40,000~70,000원

당일치기로 평상을 대여해 종일 물놀이를 즐길 수 있는 곳. 캠핑장에서 야영도 가능하다. 계곡 바로 근처의 A사이트부터 숲이 울창한 B사이트, 대형 카라반까지 주차 가능한 C사이트가 있다. 2021년 신축한 펜션도 함께 운영 중이다. 수심이 다양해 아이도 어른도 물놀이를 즐기기에 좋다.

돌멩이 친구 만들기

추천 연령   만2세 이상

준비물   돌멩이, 크레파스(혹은 물감이나 수성펜)

1. 다양한 모양의 돌멩이를 줍는다.

2. 돌멩이를 깨끗하게 씻어 햇볕에 말린다.

3. 돌멩이에 원하는 색과 모양으로 그림을 그린다.

4. 번지지 않도록 말리면 돌멩이 친구 완성!

5. 아이와 무슨 그림인지 이야기 나누고, 돌멩이 친구들로
   역할극도 해 본다.

6. 놀이가 끝나면 돌멩이는 깨끗하게 씻어 제자리에 둔다.

강릉에서 계곡놀이

양양 해담마을

주소   강원도 양양군 서면 구룡령로 2110-17
            (강릉 시내에서 차로 약 1시간 거리)
문의   해담마을정보센터 033-673-2233
이용료   일반 4,000원 |5세 이하 무료
            캠핑장, 방갈로, 펜션 이용 시 무료
홈페이지   www.해담마을.com

맑고 깨끗한 물, 다양한 편의시설과 체험시설을 두루 즐기며 계곡 캠핑을 할 수 있는 곳이다. 물이 깊지 않아 아이들이 물놀이하기에 좋고, 물고기 잡기, 뗏목 타기, 낚시터, 활 쏘기 등 다양한 체험을 할 수 있다.

보광가든

주소   강릉시 성산면 성연로 133
문의   033-646-3579
운영시간   오전 11시~오후 6시

물놀이 도중에 음식을 조리하거나 배달해서 먹기 번거롭다면 이곳에서 식사하며 물놀이를 즐기기를 추천한다. 닭과 오리 백숙, 닭도리탕을 먹으며 식당 앞 계곡에서 물놀이를 할 수 있다.

트랙터가 이색적인 하늘목장
ⓒ하늘목장

천천히 언덕길을 오르다 보면

저 멀리 바다가 보이기도,

아기 동물들을 가까이 만나기도 한다.

그 곁에서 아이의 웃음소리가 커진다.

오두막 풍경으로 널리 알려진 대관령양떼목장
ⓒ대관령양떼목장

하늘과 초원이 맞닿은 곳

주성

강릉의 바다와 숲을 충분히 즐겼다면, 조금 더 이국적인 풍경으로 떠나 보면 어떨까. 강릉에서 한 시간 거리인 대관령목장은 하늘과 초원이 맞닿은 풍경이 멋지다.

대관령에는 '목장 3대장'이라 부르는 삼양목장, 하늘목장, 양떼목장이 있다. 삼양목장이 가장 크고, 그다음이 하늘목장, 양떼목장의 순. 매력은 크기순이 아니니 이 글을 읽고 끌리는 대로 방문해 보도록 하자.

그 삼양이 맞다, 삼양목장

목장 3대장의 맏형은 아무래도 삼양목장이다. 규모도 가장 크고, 역사도 가장 오래됐다. 삼양목장은 그 이름처럼 삼양식품에서 운영하는 곳이다. 맞다. 우리가 아는 그 라면회사다.

라면의 유명세에 가려져서 그렇지 우유를 제조하기 위해 목장의 문을 연 지도 40여 년이 흘렀다. 젖소를 먹이기 위해 조성된 초지는 이제는 방문자들에게 볼거리와 힐링을 제공하고 있다.

주차장에 차를 세우면, 구경을 마치고 나오는 이들의 모습 속에서 '이곳이 삼양목장이 맞구나' 하는 것을 무진하게 느낄 수 있다. 열에 아홉은 손에 라면 한 박스씩을 들고 있기 때문이다. 방문객들이 기념으로 구입한 라면들이다. 이곳에서 만들 리 만무하지만, 특별 할인가도 아니지만, 라면은 이곳을 추억할 수 있는 기념품이 된다.

　　삼양목장 관람은 입구에서 운행하는 순환버스를 타고 정상인 동해전망대에 도착하는 것에서 시작한다. 버스에서 내리면 고지대의 서늘하고 맑은 공기가 온몸으로 스며든다. 눈앞에는 푸르른 초지 위에 눈이 시리게 새파란 하늘이 맞닿아 있다. 거대한 풍력발전기도 어우러져 있다. '여기가 우리나라인가?' 헷갈리는 풍경이다. 산 위에서 저 멀리 동해 바다를 바라보는 경험도 특별하다. 이 풍광을 조금 더 오래 즐기기 위해 고지대의 거센 바람과 낮은 온도를 견디게 해줄 겉옷 한 벌을 챙기면 좋다. 좀 더 여유롭게 환상적인 풍경을 감상할 수 있다.

　　　　　　　　　　　　강릉의 자연을 누리는 법

정상 구경을 마쳤다면, 두 가지 선택지가 있다. 하나는 다시 순환버스를 타고 주차장 방향으로 내려가기, 둘은 초지 주변에 조성된 목책로를 따라 걸어 내려가기. 각각 1킬로미터 내외의 다섯 개 코스, 합쳐서 총 4.5킬로미터 길이의 목책로는 어린아이들도 어렵지 않게 걸을 수 있다.

포장되지 않은 숲길을 걸으며, 저 멀리 풀을 뜯는 소와 양을 관찰하며 쉬엄쉬엄 걷다 보면 한 코스가 뚝딱이다. 행여나 힘이 들면 각 코스 끝에 위치한 정류장에서 순환버스를 타고 내려가도 된다.

목장과 별도로 조성된 공연장에서는 훈련받은 목양견이 양떼몰이를 하는 풍경을 볼 수 있으며, 동물체험장에서는 소정의 비용을 내면 송아지에게 우유를, 타조와 양에게 먹이를 주는 체험을 할 수 있다.

아기자기한 맛, 하늘목장

삼양목장이 넓은 공간을 발로 누비며 관람하는 데 초점을 맞췄다면, 하늘목장은 가까운 공간에 옹기종기 모여 있는 시설들을 여유롭게 관람하는 데 초점을 맞춘 느낌이다.

하늘목장 역시도 정상에서부터 시작한다. 삼양목장과 다른 점은 트랙터가 끄는 마차 모양의 차량을 타고 올라간다는 것이다. 차보다는 느리게, 걸음보다는 빠르게 움직이는 트랙터 마차를 타고 둘러보는 풍경에는 나름대로 운치가 있다. 트랙터 마차의 우렁찬 엔진 소리는 바로 옆 사람과도 대화가 쉽지 않게 만든다. 덕분에 시선은 자연스럽게 창밖을 향하게 된다. 대관령 자락의 울창한 숲과 광활한 초지, 고지대 특유의 활발하게 움직이는 구름의 모습을 하나하나 살펴보고 있노라면, 이 풍경에 집중시키기 위해 엔진 소리를 일부러 크게 만들었나 싶어지기도 한다.

단, 이 운치를 즐기기 위해서는 경쟁이 필수다. 시간마다 자리가 한정되어 있기 때문이다. 사전 예약이 불가하기에 꼭 트랙터 마차를 타야겠다면 주말은 아침 일찍, 되도록 평일에 가면 좋겠다.

정상까지 오르는 방법은 앞서 말한 트랙터 마차 또는 도보밖에 없다. 걸어 오르려면 못할 것도 없겠지만, 아이와 함께하기는 살짝 무리다. 꼭 정상까지 갈 필요는 없다. 정상에 간다면 좀 더 차가운 공기, 사방이 탁 트인 시원한 풍경, 거대한 풍력발전기의 모습을 볼 수 있겠지만, 무리하지 않는 선에서도 충분히 좋은 곳이 많다.

여유 있게 걸어갈 만한 거리인 숲속 쉼터는 키 작은 나무들이 만들어 주는 아기자기한 숲의 낭만이 깃든 곳이다.

경사도 완만해 쉬엄쉬엄 걷기 좋다. 이 밖에도 놀이터를 비롯, 아기동물원 등 아이가 눈을 빛낼 만한 장소들이 곳곳에 모여 있으니 꼭 정상을 아쉬워하지 않아도 좋겠다.

참, 이곳에 왔다면 매점에서 파는 요거트를 꼭 먹어 보자. 이곳 젖소들에게서 얻은 우유가 원료로, 유산균 외 다른 첨가물을 넣지 않아 달지 않고 담백하다. 단맛을 좋아하는 아이와 함께라면 잼이나 꿀을 준비해 가는 정성이 필요할지도 모르겠다.

양들이 사는 목장, 대관령양떼목장

목장 중에서 가장 강릉에 가까이 있는 양떼목장은 다른 목장에 비해 규모가 작지만, 알차게 꾸며져 있는 곳이다. 지대가 그리 높지 않아 버스나 트랙터가 아닌 두 다리로도 충분히 오르내릴 수 있다.

이곳의 관람 포인트는 바로 어린 동물들이다. 이름처럼 양떼를 비롯해 동물들이 곳곳에 모여 있다. 먹이를 주며, 또 이름을 부르며 아이는 동물과 교감을 형성해 간다. 잘 먹는 아기 동물을 보며 기뻐하기도, 제대로 먹지 않는다며 화를 부리기도 한다. 그런 모습을 보며 나는 말한다. "너도 아기가 밥 잘 안 먹어서 속상하지? 아빠 엄마도 그래. 그러니

깐 이제 밥 잘 먹자!" 잘 만든 그림책도, 동영상도 못 하는 걸 아기 동물들이 해낸다.

양떼목장은 목장 전체가 낮은 능선으로 이루어져 있어 아이와 함께 산책하기 좋다. 곳곳에는 어디에선가 봤음 직한 풍경들이 있다. 영화와 드라마에 종종 나왔던 오두막이 대표적이다.

낯선 곳에서 처음 만난 존재인 동물들에게 애정을 쏟는 아이를 보며, 아이와의 첫 만남을 떠올렸다. 작디작고, 얼굴엔 아무 표정도 없었지만 처음부터 사랑할 수밖에 없었던 존재. 동물들에 감탄하며 곁에서 까르르 웃는 아이의 웃음소리를 들으며 다짐하게 된다. 너를 처음 만났던 그때보다 더, 사랑해 주리라고. 함께한 시간을 통해 아이는 더욱더 내게 간절한 존재가 되어 간다. 그런 아이를 더 자주 더 많이 웃게 해 주고 싶다.

→ 삼양목장

주소	강원도 평창군 대관령면 꽃밭양지길 708-9
운영시간	홈페이지 참고
이용료	일반 9,000원 | 청소년 및 어린이 7,000원
	65세 이상 5,000원 | 36개월 미만 무료
홈페이지	www.samyangfarm.co.kr

화이트 시즌(11월 중순~4월 초)에는 개인 차량으로 목장 내 이동이 가능하다. 양몰이 공연을 볼 수 있다. 지대가 높고 기후가 자주 변하기 때문에 바람막이 외투, 우산 등을 준비하면 좋다.

→ 하늘목장

주소	강원도 평창군 대관령면 꽃밭양지길 458-23
운영시간	홈페이지 참고
이용료	일반 7,000원 | 청소년 및 어린이 5,000원
	36개월 미만 무료
홈페이지	www.skyranch.co.kr

트랙터 마차는 주말에는 금방 매진될 수 있다. 오전 일찍 가기를 추천한다.

→ 대관령양떼목장

주소	강원도 평창군 대관령면 대관령마루길 483-32
운영시간	홈페이지 참고
이용료	일반 6,000원 | 청소년 및 어린이 4,000원
	65세 이상 3,000원 | 48개월 미만 무료
홈페이지	www.yangtte.co.kr

입장료에 양 먹이 주기 체험이 포함되어 있다. 홈페이지에서 방목 일정을 미리 확인할 수 있다. 목장을 따라 둘레길이 조성되어 있어 걷기 좋다. 유아차를 가지고 갈 수는 있지만 흙길이라 다니는 데 불편함을 감수해야 한다.

바람 머금은 인생 사진 찍기

추천 연령   만1세 이상

준비물   바람개비, 풍선, 끈

1.   바람개비를 준비한다.

   (DIY로 아이와 함께 만들어도 좋고, 기성품도 OK!)

2.   색색의 풍선을 3~5개 정도 불고 끈으로 연결한다.

3.   목장 정상에서 두 소품을 활용해 포즈를 잡는다.

4.   바람에 소품이 날리는 순간을 촬영하면 성공!

강릉의 자연을 누리는 법

강릉, 사랑하고 살아가다 이서

어느 곳에나 세 부류의 사람들이 있다. 그곳에서 나고 자란 a, 떠났다가 돌아온 b, 다른 지역에서 온 c. 나는 스무 살 이후 줄곧 c로 살아왔다. 늘 고향을 어딘가에 두고 그리워하는, 언젠가는 떠날 외지인. 강릉에서 나는 여전히 c 부류지만 종종 a가 된 것 같은 착각이 든다.

바다와 산으로, 강릉으로

5년 차 직장인의 삶은 적당히 괜찮았다. 열정을 쏟아온 편집 기획 일과 마음 맞는 동료들, 룸메이트와의 재미있는 일상.

표면의 만족감이 속안의 부대낌을 잊게 했던 것 같다. 어느 날 빽빽한 출근길 지하철에서 강한 허무함을 느꼈다. 무엇을 위해서 바쁘게 살아가고 있는 건지, 내게 가장 중요한 게 무엇인지. 서울의 속도를 힘겹게 따라가고 있는 나를 그제야 돌아봤다.

마침 지금의 남편도 수도권에서의 회사생활에 지쳐 이직을 생각하고 있었다. 우리는 도시의 삶을 영위하기 위해 더 많이 일해야 했고, 그렇게 지친 몸과 마음을 회복하기 위해 도시를 떠나곤 했다. 행복하게 사는 것에 관해 자주 이야기를 나누던 어느 날 이제는 서울을 떠나 자연 곁에서 살아보자고, 바다와 산이 모두 있는 곳이라면 좀 더 여유로운 삶이 가능하지 않겠냐는 데까지 생각이 미쳤다. 함께할 사람이 있으니 속도가 붙었다. 제주와 강릉이 후보지였는데, 남편이 이직한 회사의 강릉 지사에 지원을 하면서 자연스럽게 강릉이 최종 선택이 됐다.

자전거 타고 7개월

오래된 아파트에 신혼살림을 꾸리고 튼튼한 자전거 하나를 구입했다. 동네 구석구석을 기웃거리기에 자전거만큼 좋은 수단이 없다.

목적지 없이 마음이 이끄는 대로 느린 여행을 하듯 강릉을 돌아다녔다. 무작정 바닷가로 향하다 눈길이 가는 골목길에 들어가기도 하고, 예쁜 카페를 발견하면 거기서 시간을 보내기도 했다. 해변에 누워 책장도 넘기고, 작은 영화관에서 홀로 영화도 보며 평일 낮의 자유를 마음껏 누렸다.

　　　　　　　　　강릉의 자연을 누리는 법

강릉에서 직장을 구하기까지 7개월 정도를 쉬었는데 남편이 회사에 있는 동안 나는 열심히 페달을 밟았고, 주말이면 우리는 강원도 곳곳을 다녔다. 한두 시간 거리에서 마주하는 강원도의 자연에 속수무책으로 마음을 빼앗겨 소도시에서 겪는 불편함쯤은 가뿐히 넘길 수 있었다.

강릉식 화법에 담긴 속마음

한 가지 신경이 쓰인 건 사람들이었다. 하루는 외식을 하려고 식당에 전화해서 마감 시간을 물었는데, 돌아오는 답이 가관이었다. "왜서요?" 영업시간을 궁금해하는 손님에게 톡 쏘는 말투로 왜라니. 지금은 강릉 사람들이 몇 번 안 본 이에게(그게 설사 손님이라 해도) 괜히 친근하게 구는 걸 부담스러워한다는 것을 알지만, 처음엔 강릉식 화법에 얼굴을 붉힌 적이 한두 번이 아니었다.

마음이 달라진 계기는 임신이었다. 임신부가 된 후 식당 주인과 보건소 직원들, 아파트 주민들과 병원 간호사들에게서 전에는 한 번도 경험하지 못한 은근한 배려를 받았다. 유난스럽지 않게 선을 지키며 건네는 관심과 덕담, 무심한 듯 차례를 양보해 주고 따뜻한 시선을 보내는 강릉 사람들에게 살짝 감동받았다고나 할까. 임신 기간 내내 강릉에서 귀한 대접을 받는 기분이었다. 강릉에서의 시간과 경험이 쌓이면서 이들의 본모습이란 무뚝뚝하고 거친 말투 속에 가려진 따뜻함일지도 모른다는 생각이 들었다.

강릉이라서 가능한 일들

언제든 가벼운 걸음으로 바다를 보고 숲을 거닐 수 있다는 건 축복 같은 일이다. 이름도 생소했던 수많은 해변에서 예전이라면 시간과 비용을 들여 만났을 풍경을 이토록 쉽게 감상할 수 있다니. 좀 더 가졌다고 해서 자연을 누릴 권리가 커지지 않는 것, 누구라도 마음만 먹으면 대자연을 누릴 수 있음이 정말 감사하다.

모두에게 열려 있는 건 자연만이 아니다. 한적한 지방 도시라고 생각했던 강릉은 알고 보면 1년 내내 축제와 행사가 넘치는 곳이다. 규모가 큰 단오제나 문화재야행부터 소규모 인형극이나 플리마켓 등 도처에 펼쳐지는 강릉 축제들의 공통점은 남녀노소 함께 즐기는 분위기가 있다는 점이다. 아이들이 신나서 행사에 참여하고 어른은 어른대로 즐기는 모습, 젊은 세대를 응원하는 어르신과 어르신의 경험을 존중하는 사람들. 세대를 구분 짓지 않고 어울려 노는 모습을 보며 이런 곳이라면 아이를 키우고 늙어 가도 좋겠다고 느꼈다.

삶의 터전, 강릉

자연과 분위기가 아무리 좋다고 해도 일상생활에 불편함이 크다면 지속 가능한 삶은 쉽지 않다. 강릉살이가 만족스러운 것은 그만한 생활 인프라가 있기 때문이다.

첫 번째는 병원. 규모가 큰 개인 병원도 꽤 있고 응급상황에 믿고 갈 수 있는 종합병원이 가까이 있다. 화려한 쇼핑몰은 없지만 큰 마트 두 곳과 대형 영화관과 독립영화관이 있다는 것, 이는 소도시의 삶에서 중요한 요소다. 게다가 주민센터와 시립도서관, 문화센터, 문화재단 등에서 진행하는 질 좋은 교육과 그것을 향유하는 문화가 정착되어 있다. 삶의 방향이 일의 성공이 아닌 여가에 초점이 맞춰진 도시 전반의 분위기 속에서 우리 부부도 취미가 늘었다.

올림픽 이후 정비된 교통 체계도 쾌적한 강릉살이에 큰 역할을 한다. KTX를 이용하면 청량리까지 두 시간도 채 걸리지 않고 관광지와 시내권의 거리 차가 있어 주말에도 교통체증이 거의 없다. 다만 일자리가 부족하다. 큰 기업이 없어 자영업 또는 파트타임 종사자가 많다. 나도 남편도 운 좋게 강릉에서 직장을 다니고 있지만, 그렇지 않았다면 이주부터 쉽지 않은 선택이었을 것이다. 다행히 최근에는 창업 지원도 많아지고, 일에 관한 개념이 변화하면서 강릉 일

거리에 다양한 가능성이 열렸다.

작고 잦은 행복

서울에서도 강릉에서도 월요일이면 어김없이 출근을 한다. 금요일부터 설레는 마음으로 주말을 기다리고, 일요일 저녁이 되면 알 수 없는 긴장이 시작되는 일상. 어떤 날은 서울에서보다 더 허둥지둥 바쁜 하루를 보낸다. 하지만 마음은 비교할 수 없이 여유롭다.

　해변을 걸을 때, 못 보던 카페를 발견할 때, 호수에서 노을을 바라볼 때, 수목원 계곡에 발을 담글 때면 나는 강릉에 오길 잘했다고 생각했다. 아이가 태어난 뒤엔 더 소소한 일상에서 행복을 느낀다. 바닷가 드라이브를 하다가 어느새 새근새근 잠든 아이의 얼굴에서, 새소리를 따라 신나게 달려가는 아이의 뒷모습에서, 모래를 움켜쥐는 오동통한 아이의 손에서, 셋이 함께 바다수영을 하는 상상 속에서 느끼는 행복. 나는 아이가 태어나고 강릉을 더욱 사랑하게 됐다. 오래 이곳에서 더 작고 더 잦은 행복을 누리고 싶다.

강릉은 알면 알수록 흥미롭고 재미난 이야기가 가득한 곳이다. 순두부, 장칼국수, 막국수와 옹심이같이 고유한 음식들이 있고, 여행의 목적이 되어 줄 성대한 축제가 있다. 율곡 이이와 신사임당, 허균과 허난설헌, 김시습 등 역사 인물들의 이야기도 펼쳐진다. 강릉 속으로 더 깊게 들어가 보자.

Part 2. Always

2부
알면 알수록
강릉

→

Gangneung

강릉에서 사람들이
가장 많이 찾는 음식, 초당순두부

초당두부마을의 두부 아이스크림.

고소하고 시원한 맛은 강릉에서

맛봐야 더욱 맛있다.

SOONTOFUGE

순두부젤라또

두부가 들어간 강릉의
다양한 먹거리 중 하나인 두부 아이스크림

초당두부를 먹는 시간

주성

'삼시 세끼 뭘 챙겨 먹여야 하나' 하는 고민은 집 밖에 나와서도 계속된다. 밥을 안 해도 된다는 해방감은 잠시. 아이와 함께하는 여행에서 부모는 '근사하게'가 아닌, '아이가 먹을 수 있는' 또는 '건강한' 끼니를 먼저 찾아보게 된다. 강릉에 왔다면, 우선 한 끼 정도의 고민은 덜어 두어도 좋겠다. 강릉은 맛도 좋고 영양도 좋은 두부의 고장이니 말이다.

두부는 명실공히 강릉의 대표 음식이다. 특히 '초당두부'의 유명세가 대단하다. 20여 개의 두부음식점들이 모여 있는 초당두부마을은 끼니 때마다 차량 행렬과 인파로 북적인다. 그래서 초당동 동네사람들은 식사 시간에는 두부마을 근처로 지나갈 일을 만들지 않는다. 잊을 만하면 TV에 나오고,

또 잊을 만하면 재벌가의 맛집 리스트에 초당두부마을의 두부음식점이 언급되는 영향일까. 초당두부마을을 찾는 사람들은 해마다 급격히 늘어 가는 느낌이다.

초당이 두부로 유명해진 이유에 대해서는 다양한 이야기가 있다. 공식적으로는 조선시대로 거슬러 올라가 그 연원을 찾는다. 허균과 허난설헌의 아버지로 유명한 초당 허엽(1517~1580)은 자신의 집을 낮춰 '초당'이라 부르고 이를 호로 사용했던 조선시대 관료인데, 집 앞마당의 샘물과 동해 바닷물로 만든 두부를 무척이나 좋아했다고 한다. 두부를 만들어 장사까지 할 정도에 이르러, 관직에 문제가 되었다는 설까지 더해지고, 이것이 초당두부의 유래처럼 전해온다.

놀랄 만한 사실도 있다. 문화체육관광부 한국문화원연합회에서 발행한 《한식문화사전》에 따르면, 초당두부가 조선시대부터의 역사를 가지려면 문헌에 최소 한 개 이상의 자료가 나와야 하는데, 지금까지의 문헌 중 허엽과 두부를 연관지을 만한 문헌은 한 건도 없다고 한다. 그의 아들 허균은 전국 각지의 특산물과 이를 재료로 만드는 음식을 모으고 분류해 《도문대작屠門大嚼》이라는 책을 썼다. 그런데 이 책에는 '두부는 서울 창의문 밖 사람들이 잘 만든다'는 내용이 담겨 있다고 한다. 아버지 허엽의 두부가 입맛에 썩 맞지 않았던 걸까?

이 밖에도 1950~1960년대, 초당 주민들이 근처 바닷물을 간수로 사용해 유독 맛있는 두부를 만들었고 이 두부가 유명해졌다는 이야기가 알려져 있다.

조선시대부터는 아니지만 오래전부터 초당에서 두부를 자주 만들어 먹은 것은 사실인 것 같다. 허균허난설헌 생가 앞에서 '정은숙초당순두부'를 운영하는 정은숙 대표는 초당에서 나고 자란 토박이인데, 이렇게 말씀하신다.

"30~40년 전만 해도 온 가족이 모여 살던 시절이라 두부 만들 일이 많았어요. 잔치, 제사에 많이 쓰였으니. 두부를 만든다고 하면 오빠들이 수레에 빨간 대야를 싣고 근처 강문 바다에 가서 간수로 쓸 바닷물을 퍼 왔지요."

정 대표의 어린 시절 기억 속에는 집안 구성원이 모여 두부 만들던 풍경이 여전히 생생하다.

개인적으로 인상 깊었던 초당두부 유래설은 초당 토박이 어르신께 들은 요즘 말로 '셀럽', '셀러브리티' 설이다. 지금이야 인터넷의 발달로 유명한 사람이 한번 소개하면 망해 가던 가게도 소위 '대박'이 나지만, 과거엔 그런 게 있을리가 없다. 다만 초당과 관련해 유명한 사람은 있었다. 바로 강릉 출신의 초당 신봉승 작가다. 그는 1980년대 인기를 끌었던 사극 〈조선왕조 500년〉의 작가였는데, 강릉 출신이기도 하고, 초당을 좋아하기도 해서 호를 초당으로 삼고 초당동에 살았단다(현재도 그가 살던 집은 동네에 그대로 남아 있다). 전국에서 그를 만나기 위해 사람들이 많이 찾아왔는데, 그가 사람들을 대접했던 곳이 집 앞의 초당두부집이었고, 그렇게 초당두부가 유명세를 탔다는 설이다.

　　어떻든 확실한 건, 초당두부는 오래전부터 초당 사람들과 떼려야 뗄 수 없는 관계였다는 사실이다.

이 동네 와서 가장 많이 들었던 말이 가장 맛있는 두부음식점을 추천해 달라는 말이었다. 정착 초기에는 부담스러웠다. '혹시나 갔는데 입에 안 맞으면 어쩌지?' 싶어서. 이제는 두부처럼 담백하게 이야기한다. "최고 음식점은 없습니다. 각자 개성이 다른 거지요." 말마따나 실제로도 그렇다고 생각한다. 맛없는 두부집은 없다. 각자의 입맛에 더 잘 맞는 두부집이 있을 뿐. 여기에 강릉의 두부집들은 상향 평준화되어 다들 기본 이상은 한다는 말을 덧붙일 수 있겠다.

초당두부 음식점에 가면 어떤 메뉴를 선택해야 할까. 대개 초당의 두부음식점들은 초두부, 두부전골, 순두부전골, 두부

조림, 모두부 등을 메뉴로 두고 있다. 대강 뭔지는 알겠는데 이 중 낯선 이름이 있다. 바로 초두부다. 두부를 만들기 위해 간수를 섞으면 응고가 일어나는데, 이 과정에서 처음 만들어지는 두부이기에 시작 초初 자를 써서 초두부라 부른다. 초두부를 틀에 넣어 물기를 빼면 우리가 아는 두부가 된다.

초두부가 담긴 대접을 받아 보면 몽글하고 하얀 덩어리들이 맑은 국물 안에 담겨 있다. 색깔만큼 담백하고 고소하다. 간장을 약간 풀어 짭조름하게 즐기면 영 안 넘어갈 것 같은 아침밥도 한 그릇 뚝딱이다.

육수에 두부와 순두부를 끓여 먹는 두부/순두부전골은 식당에 따라 아이가 감당하지 못할 칼칼함이 숨어 있을 수 있으니 주문 전에 미리 물어보면 좋다. 참, 보글보글 끓는 뚝배기에 고추기름과 계란 하나 탁 풀어 넣은 순두부찌개는 없다는 점도 참고하자.

초당두부의 인기가 치솟은 덕분에 다양한 두부 먹거리도 생겼다. 짬뽕순두부가 선풍적인 인기를 끌고 있고, 콩으로 이어진 한 핏줄 음식인 청국장도, 순두부를 넣어 만들었다는 아이스크림도 강릉 도처에서 유행하고 있다. 두부 제조과정에서 나오는 부산물인 비지를 이용한 쿠키도 등장했다. 두부에 대한 애착과 대박을 향한 꿈이 오늘도 강릉에 새로운 두부 DNA를 만들어 내고 있다.

개인적인 취향이지만, 초당두부를 즐기기 가장 좋은 시간은 이른 아침이다. 두부는 꽤나 손이 많이 가는 음식인데, 대부분의 과정이 새벽에 이뤄진다. 밤새 불려 놓은 콩을 갈고, 수없이 저어 가며 콩물을 끓이고, 이를 걸러 간수를 넣고 굳혀 낸 뒤에야 우리가 아는 두부가 된다. 이런 정성을 담아 이른 아침, 갓 만든 두부는 무척이나 부드럽고, 고소하고, 따뜻하다.

휴가를 내어 강릉에 왔으니, 여유롭게 늦잠을 잘 수도 있겠지만, 기왕이면 이른 아침 졸린 눈을 비비고서라도 갓 만든 두부를 먹어 보길 권한다. "그때 아침에 가서 먹었던 두부 참 고소하고 맛있었지" 하는 추억 하나 남길 수 있다면 아침 잠쯤이야.

초당두부 추천 맛집

토박이할머니순두부

주소   강릉시 초당순두부길 47
문의   033-651-9004
영업시간 오전 7시 30분~오후 8시, 화요일 휴무

초당 토박이인 김규태 대표의 아버지는 오래전 초당에서 두부공장을 운영했다. 다시 고향으로 돌아온 아들은 아버지의 흔적을 되짚어 두부를 만들기 시작했다. 강릉 토박이들이 즐겨 찾는 두부집 중 하나인 이곳은 글 쓰는 요리사로 유명한 박찬일 셰프의 책에 소개되기도 했다.

경포순두부

주소   강릉시 운정길 131
문의   033-655-9800
운영시간   오전 7시 ~오후 10시

정성이 들어간 맛있는 두부는 꼭 초당이 아닌 곳에서라도 맛볼 수 있다.
경포호에서 선교장 가는 길에 자리잡은 경포순두부는 맛도 좋지만 반찬
하나라도 더 내주시려는 아주머니의 인자함에 또 찾게 되는 집이다.
참고로 그 주변에는 '100년 집 순두부' 등의 이름을 가진 한옥 음식점이
많다. 햇수는 두부음식점을 시작한 시점이 아닌 그 식당 건물이 지어진
시점을 의미하니 '알쓸신잡한' 상식으로 알아 두어도 좋겠다.

남대천 일대에서 펼쳐지는 단오제
ⓒ강릉단오제위원회

누군가 축제를 즐기러
여행을 간다고 말한다면,
나는 강릉의 두 축제를 추천할 것이다.
축제가 단 하나의 여행 목적이
될 수 있음을 믿게 될 테니까.

해마다 10월이면 바닷가와 행사장에서
펼쳐지는 강릉커피축제ⓒ강릉문화재단

단오와 커피를 위한 여행

이서

사람들은 수많은 이유로 여행을 간다. 축제가 여행의 단 하나의 목적이 되려면 과연 무엇이 담겨야 할까? 누군가 축제를 즐기러 여행을 간다고 말한다면, 나는 강릉의 두 축제를 추천할 것이다. 한여름의 더위라고 해도 전혀 이상하지 않은 뜨거운 6월의 단오제, 그리고 어느덧 썰렁해진 바람에 따뜻한 한 잔이 그리워지는 10월의 커피축제.

우리나라 전통 축제의 정수, 강릉단오제

강릉단오제는 정확한 기원조차 알기 어려운, 그래서 '지나온 천 년, 이어갈 천 년'이라는 슬로건마저 어마어마한 시간을 담은, 오랜 역사와 성대함을 자랑하는 전통 축제다.

　강릉단오제를 전국 최대 규모의 난장 정도로만 즐기고

싶지 않다면, 방문하기 전 강릉단오제 홈페이지나 소식지를 정독하는, 혹은 적어도 이 글을 끝까지 읽는 약간의 수고를 들여 주길 바란다. 우리나라 축제로는 처음으로 유네스코에 등재된 인류무형문화유산이자 우리나라 전통 축제의 정수를 눈앞에서 마주하는 놀라운 경험을 곧 하게 될 테니까.

강릉 사람들에게 대관령은 예로부터 신성한 존재였다. 그래서 음력 5월 5일 단오가 되면 대관령 산신께 지역의 평안과 풍요를 빌며 제사를 지냈다. 이 제례의식이 성대한 축제로 발전해 맥을 이어온 것이 강릉단오제다.

축제는 대관령 산신과 국사성황신, 국사여성황신 부부 수호신을 강릉 시내로 모셔와 제사를 지낸 후 다시 제자리에 보내 드리는 일련의 과정이다. 이 과정 속 유교와 무속, 전통문화와 현대 문화가 조화를 이뤄 강릉단오제를 독창적으로 만들었다. 축제의 공식 기간은 8일이지만 본 행사에 앞서 제례에 쓸 중요한 술을 만드는 일부터 신에게 드리는 제례, 20여 가지의 단오굿, 민속놀이, 그리고 세시풍습 체험과 난장, 각종 공연이 장장 30여 일에 걸쳐 진행된다.

남대천(강릉 시내를 가로지르는 하천) 일대에 하얀 천막이

하나둘 세워지는 게 보이면 '아, 단오가 가까워졌구나'라고 생각한다. 그런 날이면 홍보 책자 하나를 구해 온다거나 단오제 홈페이지에 들어가 일정을 살펴본다. 언제 참여할지 나름의 계획을 세우는 것이다. 축제는 너무나 성대하나 여행자의 시간은 늘 촉박하고, 함께한 아이는 이내 싫증을 내기도 하니, 단오제에서 선택과 집중은 필수다.

반나절의 일정을 할애할 수 있다면 음력 5월 3일 저녁, 영신행차와 신통대길 길놀이를 공략하면 좋다. 국사성황신 부부를 단오장 제단으로 모셔 가는 대규모 행차로, 농악패가 흥을 돋우고 강릉의 각 마을 주민들이 단오제만을 위해 준비한 퍼레이드가 분위기를 절정으로 이끈다. 단오등을 들고 행차를 뒤따르는 수많은 인파 속에 스며들어 한바탕 즐기고 나면 불꽃놀이가 기다리고 있다.

하루 정도의 여유가 있고, 강릉단오제의 전반을 경험하고 싶다면 마지막 날을 추천한다. 상대적으로 적은 인파 속에서 단오제의 다양한 체험과 민속놀이, 공연을 즐길 수 있고, 아침마다 열리는 조전제와 이어지는 단오굿, 굿당에서 사용된 모든 것을 태워 신을 돌려보내는 마지막 의식인 소제까지 볼 수 있다.

강릉단오제에서 신주는 중요한 제물이다. 시민들이 모

은 쌀로 만들어지는데, 강릉에 살거나 혹은 축제가 열리기 전 여행 계획이 있다면 신주미 봉정이나 신주 빚기에 참여해 더욱 뜻깊은 시간을 보내면 어떨지. 신주미는 신주 빚기(음력 4월 5일) 약 한 달 전부터 접수를 받는다. 강릉 주민센터나 단오제위원회 사무실에 방문해 흰쌀 3킬로그램을 내면 축제 기간 단오주를 받을 수 있는 신주 교환권을 준다.

단오장에 볼거리, 먹거리가 가득하니 축제 기간 강릉 시내 인파는 상상 이상으로 많다. 상대적으로 유명 관광지가 덜 붐비는 때이기도 하니, 미리 점찍어 둔 강릉의 핫플레이스를 둘러보다 보고 싶은 프로그램 시간에 맞춰 단오장에 나서는 것도 강릉을 골고루 즐기는 방법이다.

10월의 낭만, 강릉커피축제

단오제가 신명 나는 축제 한마당이라면 강릉커피축제는 깊숙한 감정을 잔잔히 자극하는 한 편의 시 같은 축제다. 찬바람이 부는 10월, 강릉은 다시 한번 분주해진다.

해변을 따라 빼곡하게 들어선 카페, 커피 박물관과 커피 공장을 비롯해, 카페마다 내세우는 독특한 시그니처 라떼, 커피빵과 커피사탕 등 커피가 기반이 된 수많은 창조물에서 전해지는 강릉의 '커피부심'은 하루아침에 생긴 것이 아니다.

자연과 더불어 음미하는 한 잔의 여유가 그 어떤 것보다 마음을 풍부하게 채워 준다는 것을 강릉 사람들은 예전부터 알고 있었다. 신라 화랑들이 다도를 즐겼던 한송정(가장 오래된 차 유적 중 하나)의 흔적이 말해 주듯 일찍이 다도문화가 발달해 왔던 강릉에 커피가 자리 잡은 건 어쩌면 당연한 수순이었다.

지금은 안목커피거리로 불리는 강릉항 일대의 커피자판기가 동해안 바다뷰 카페의 계기가 됐다. 이어 1세대 바리스타로 꼽히는 박이추 커피 명인이 강릉에 정착해 선보였던 하우스 블렌드 핸드드립이 품격 있는 커피 문화를 꽃피웠다.

차곡차곡 쌓인 커피 문화에 대한 애정은 2009년 제1회 커피축제 개막으로 이어졌다. 강릉이 자랑하는 자연과 어우러진 커피의 향연이 금세 커피애호가들의 입소문을 타 전국의 관광객을 끌었고, 매년 그 규모와 깊이를 키워 이제는 전국에서 50만여 명이 찾는 강릉 대표 축제가 됐다.

강릉커피축제에서는 커피에 관한 거의 모든 것을 경험할 수 있다. 강릉 외에도 전국 각지의 커피 명가에서 제공하는 핸드드립, 모카포트, 싸이폰 등 다양한 추출방식의 커피를 맛보고, 명인들의 토크쇼나 세미나, 실력 있는 바리스타들의 각종 경연대회에 참여할 기회도 주어진다. 단 몇 분 안에 라떼아트를 만들어 내는 바리스타들의 모습을 본 적이 있는데, 아이도 나도 숨죽인 채 무언의 응원을 보냈던 긴장과 몰입의 순간이었다.

임신과 출산 후 한동안 카페인을 흡입하지 못했던 나는 모유수유가 끝나자마자 카페인 욕구를 제대로 풀 요량으로 커피 강습을 신청했다. 아침에 시작하는 강의라 빈속에 마시는 커피에 종일 속이 쓰리기도 했지만, 커피를 좀 더 밀도 있게 배우는 것도, 사랑스러운 예비 바리스타들과 소소한 커피 일화를 나누는 것도 즐거웠다.

지역에서 핸드드립 커피점을 운영하며 매년 커피축제에 참가하는 강사는 커피에 진심인 강릉 사람들이 얼마나 많은지, 이런 사람들이 모여 만드는 커피축제가 해를 거듭해 점점 완성도를 높여 가는 것이 얼마나 뿌듯한지를 자주 설명했다.

다양한 커피를 경험하는 것도 좋지만, 내가 강릉커피축제를 사랑하는 가장 큰 이유는 가을에 꼭 맞는 축제 분위기다. 자연과 커피, 그리고 음악, 이 세 가지의 조화가 축제에 참여하는 시간을 힐링으로 만들어 준다.

알면 알수록 강릉

혹시나 커피는 어른들의 향유물이라 아이와 함께 즐길 거리가 없으리라는 걱정은 하지 않아도 된다. 강릉의 거의 모든 축제가 그렇듯 커피축제에도 아이들을 위한 다양한 체험 프로그램, 커피에 관한 쉬운 해설과 전시, 편안한 휴게 공간이 마련돼 있다. 무엇보다도 남녀노소 누구도 소외되지 않도록 하는 따뜻한 배려가 있다.

야외에 마련된 휴게 공간에서 잔잔히 흐르는 라이브 음악에 귀를 기울이며 노을을 향해 커피잔을 올려 보는 우리 부부와 한 손에는 핑크퐁 주스를, 다른 한 손에는 로스팅 체험 때 받아 온 원두를 쥐고 곁에서 뛰노는 아이. 우리는 모두 함께 커피축제를 즐긴다.

→ 강릉단오제

기간	매년 5월 5일 전후
장소	강릉시 남대천 일원
문의	강릉단오제위원회 033-641-1593

입장료는 무료이며, 일부 체험비가 있다. 유아차 대여소와 휴게소를 운영하고, 미아방지 이름표를 제공한다. 걷기 편한 신발과 선글라스, 식수와 우비를 준비하면 관람이 더욱 편해진다. 코로나19로 인해 2020년과 2021년은 온라인으로 단오제를 진행했다.

→ 강릉커피축제

기간	매년 10월
장소	해마다 다름
문의	강릉문화재단 033-647-6802

원래 예약 없이 무료 입장이지만, 2021년은 코로나19로 인해 사전 예약을 진행하니 홈페이지를 참고할 것. 축제 규모와 형식이 바뀌어도 '강릉커피 100人 100味'는 단연 축제의 하이라이트다. 각기 다른 추출법과 커피 맛을 감상할 수 있는 핸드드립 퍼포먼스를 놓치지 말자. 강릉커피축제의 발자취를 미리 알아보고 싶다면 명주동 '명주사랑채'를 방문해 보길 추천한다.

알면 알수록 강릉

강릉단오제 관전포인트!

관노가면극

국내 유일의 무언가면극이다. 극중 인물들은 단오제를 상징하는 캐릭터로 축제 곳곳에서 마주칠 수 있다.

단오굿

질병을 막는 손님굿, 자손의 효심을 기원하는 심청굿, 장수를 비는 칠성굿 등 다양한 이야기를 담은 굿이 매일 진행되니 우리 가족에 맞는 굿을 선택해 관람하면 어떨까.

단오체험(일부 유료)

수리취떡과 단오차 시식, 건조까지 해 주는 창포 머리감기, 단오빔 입기와 단오부채 만들기 등 체험행사가 다양하다.

강릉사천하평답교놀이

달과 별을 보며 횃불을 들고 한 해를 점치며 풍년을 기원하는 전통 다리밟기 놀이다. 한밤중에 재현되는 답교놀이의 다리굿과 농악은 흔히 보기 어려운 볼거리다.

강릉의 마을 주민들이 참여하는 단오제 퍼레이드
ⓒ강릉단오제위원회

알면 알수록 강릉

성대한 불꽃놀이도 또 하나의 볼거리다.
ⓒ강릉단오제위원회

씨름과 그네 경연대회

단체전 외에도 개인전이 있어 현장에서 신청해 참가할 수 있다. 씨름은 어린이 대회도 있으니 아이의 참여를 응원해 보자. 놀이터와는 격이 다른 어린이용 단오그네도 있다.

동춘서커스(유료)

수십 년 동안 한 번도 거르지 않고 단오제와 함께한 100년의 역사를 지닌 서커스. 추억을 되새기고픈 어르신과 화려한 볼거리에 관심을 빼앗긴 아이들에게 특히 인기 만점인, 난장 최고의 명물이다.

강릉단오제전수교육관

제례와 굿, 관노가면극 등 강릉단오제의 전 과정을 모형과 영상 등으로 쉽게 알려 주는 전시가 운영 중이다. 단오제 관람 전 방문하면 축제를 더욱 풍성하게 경험할 수 있다.

아이와 즐기기 좋은 강릉 축제

강릉문화재야행

기간   매년 11월경
장소   강릉대도호부관아

해가 지면 시작되는 축제. 고즈넉한 야경을 배경으로 옛 문화의 향연에 취할 수 있다. 달빛 아래 즐기는 국악과 전통놀이, 강릉대도호부사 부임행차와 수문장 교대식 등 웅장한 볼거리, 즐길거리가 가득하다.

명주인형극제

기간   매년 8월경
장소   명주예술마당, 작은공연장 단

다양한 장르의 인형극 공연과 전시, 체험 프로그램으로 꾸며진 어린이를 위한 축제. 아이와 함께 영상매체는 잠시 잊고 보드라운 인형이 만드는 이야기 속에 푹 빠져보는 경험을 선사한다.

명주프리마켓

문의   강릉지속가능발전협의회 033-648-3390
장소   강릉대도호부관아 일대

직접 만든 공예품이나 음식, 텃밭에서 기른 채소, 상태 좋은 옷이나 물건 등을 사고파는 장이다. 아이들이 나와 본인이 사용했던 장난감이나 책, 육아용품 들을 직접 판매하는 모습도 볼 수 있다. 미리 신청하고 선정되면 셀러로 참여할 수도 있다.

강릉 시내 고래서점

책을 좋아하는 사람들은
어느 도시를 가든 책방투어가 가능한지
여부를 따져 본다.
강릉에선 아주 그럴듯한
책방투어를 할 수 있다.

인생 책을 만나는 여행

은현

여행을 갈 때 가장 먼저 찾는 곳이 있다. 동네서점. 아늑한 분위기와 책들로 가득한 서재. 예쁘게 요리해 놓은 음식을 보면 그 식당에 가고 싶은 것처럼, 나에겐 책들이 있는 공간이 늘 마음과 시선을 끈다. 때로는 서점에 가고 싶어 여행지를 정할 때도 있었다.

작은 공간이라도 그곳에서 만나는 책의 세계는 결코 작지 않다. 관심이 있는 책을 만나면 나의 세계가 좀 더 확장된다는 의미에서 책은 여행과 닮았다.

혼자서 찾던 서점을 이제는 아이와 손을 잡고 찾는다. 지인에게 받거나 내가 골라서 사 주던 동화책을 아이와 함께 고르니 아이의 취향을 더 알게 된다. 원하는 동화책을 얻고 나면 아이는 엄마가 책을 고를 수 있게 한껏 시간을 양보해 준다.

　최근 몇 년 사이 강릉에도 여행을 설레게 할 멋진 서점들이 문을 열었다. 작은 서점은 주인장 혼자 운영하면서 휴무일이 종종 바뀌는 경우들이 생기니 미리 인스타그램 또는 전화로 확인 후 방문해 보자.

한낮의 바다

주소　　　　　강릉시 강릉대로159번안길 12 1층

운영시간　　　12시~오후 6시, 화요일 수요일 휴무

강릉 교동 주택가 골목길에 위치한 서점으로, 책과 커피 향기가 기분 좋게 어우러지는 곳이다. 모든 책을 읽어 보고 살 수 없기에, 누군가 읽고 추천해 준다면 책을 선택하는 수고를 덜 수 있다. 주인장이 직접 읽고 책 속 문장을 적어 둔 정성 가득한 추천서가 이 서점의 장점이다.

　어떤 책을 골라야 할지 모르겠다면 '비밀책'을 추천한다. 꽃과 함께 포장된 비밀책은 어떤 책인지는 알 수 없지만, 어떤 책일까 기대하는 마음으로 고를 수 있다. 집이나 숙소에 돌아와서 선물을 풀듯 책 포장을 열어 보면 서점에서 누린 기분 좋은 시간들이 함께 소환될 것이다.

서점 주인은 서울에 살다가 연고도, 지인도 없는 강릉으로 덜컥 이주했다. 한낮에 바다에서 서핑을 하면서 느끼는 여유가 너무 좋아서 '한낮의 바다'라고 서점 이름을 지었다.

마음에 드는 책 한 권을 사서 바다를 찾는 것도 좋은 방법이다. 평일 낮 해변의 벤치에 앉아 책을 읽은 적이 있는데, 생각 이상으로 낭만적이었다. 눈앞에 바다를 두고, 귀로는 파도 소리를 들으면서 책을 읽는 한가로운 시간. 그때 읽은 책이 장강명 작가의 《한국이 싫어서》라는 책이었는데, 한국이 싫다는 소설을 읽기에는 너무 매력적인 시간이긴 했다.

고래책방

주소   강릉시 율곡로 2848

문의   0507-1437-0704

운영시간   오전 9시~오후 9시, 설 추석 휴무

강릉 시내에 위치한 고래책방은 고래빵집을 함께 운영한다. 문을 열고 들어서면 빵 굽는 냄새가 가득하다. 제법 방대한 양의 책들이 발길을 끈다. 책은 구입 후 음료와 함께 읽을 수 있다.

1층에는 문학 분야, 2층에는 어린이책과 인문, 경제경

영 분야의 책이 있고, 지하에는 강릉에 관한 책과 강릉 출신 문인들의 책이 있다. 비정기적으로 저자 강연회와 북콘서트 등이 열린다. 강릉에 흔치 않은 복합문화공간이다. 서점 주인은 서울에서 오랜 시간 서점 일을 하다가 고향인 강릉으로 이사 와 고래책방을 열었다.

깨북

주소	강릉시 임영로 211, 2층
문의	0507-1389-4416
운영시간	오후 2~7시, 수요일 목요일 일요일 휴무

강릉 교동 사거리에 인접해 있는 서점으로, 독립출판물들을 만날 수 있다. 독립출판물은 소량 인쇄하는 출판물로, 제작에 들어가는 비용 부담이 상대적으로 적기 때문에 개성 있는 콘텐츠들이 많다. 깨북은 독립출판물 마니아 층에게 사랑받고 있는 책들을 만날 수 있는 곳이다.

어떤 책을 고를지 고민하는 사람들을 위한 '추천도서 뽑기'도 마련돼 있다. 장난감 동전을 넣고 추억의 뽑기놀이를 돌리면 추천도서가 나온다. 책을 사면 '참깨'가 담긴 유리병을 같이 준다. 깨북 주인장은 디자인스튜디오 '참깨'를 함께 운영하고 있다. '참깨 책방'을 줄여서 깨북으로 서점 이름을 지었다. 애니메이션 〈알라딘〉에서 "열려라 참깨" 하면 닫힌 문이 열리는 것처럼, 앞길이 훤히 열리기를 바라는 마음을 담아 지었다.

별빛 아래, 책다방

주소   강릉시 경강로 2581, 1층

문의   0507-1371-0714

운영시간   오전 11시~오후 5시, 월요일 휴무

송정해변과 안목해변 사이, 바다로 가는 길목에 위치한 서점이다. 바다가 보이지는 않지만, 책 속에 일렁이는 파도를 볼 수 있는 곳이다. 시와 에세이 등 문학 분야의 책들을 주로 소개하고 있다.

주인장은 서울에서 직장생활을 하다가, 강릉으로 이주 후 서점 여행자로 살다가, 마침내 서점 주인이 되었다. 대도시에서 볼 수 없었던, 강릉의 밤바다와 안반데기에서 본 별빛의 황홀함에 반해 책방 이름을 지었다고.

대지서점

주소	강릉시 강릉대로587번길 49
문의	033-651-1805
운영시간	오전 8시~오후 8시

초당동에 위치한 동네서점이다. 학교 앞에 있어 문제집이 많을 줄 알았는데, 사장님이 직접 고른 트렌디한 책들, 유명 고전들을 만날 수 있어 놀랐다. 서점을 찾는 손님들의 열에 아홉은 나와 비슷한 이유로 놀란다고 한다. 평소 관심 있게 본 책들이 많아서 어떤 책을 살지 행복한 고민이 시작된다. 추천하는 이유를 적어 놓진 않았지만, 궁금할 때 사장님께 물어보면 스토리와 책의 느낌을 단번에 알려 주셔서 책을 고를 때 도움이 된다.

30년 이상 서점을 운영한 베테랑 주인 부부가 운영한다. 평일 아침 8시에 문을 여는 성실함으로 한결같이 이곳을 지키고 있다. 오랜 기간 운영한 만큼 단골 고객들이 많은, 그야말로 '동네사람들이 찾는 책방'이기도 하다.

아물다

주소	강릉시 연당길 61 세양청마루 상가 201호

문의	0507-1370-4423
운영시간	오전 10시~오후 9시,
	수요일 일요일 오전 10시~오후 6시, 월요일 휴무

초당동에 새로 생긴 북카페다. 신간과 함께 중고책들을 만날 수 있다. '비치 클린 캠페인'으로 해변에서 쓰레기를 주운 사진을 인증하면 음료값의 50퍼센트를 할인해 준다.

채식하는 사람들을 위해 버터와 우유를 사용하지 않은 비건쿠키를 맛볼 수 있다. 모든 커피를 자동머신이 아닌 핸드드립으로 내리기 때문에 핸드드립을 내리는 모습도 감상할 수 있다.

깔끔한 인테리어와 편안한 분위기, 서점 주인의 친절함에 오래도록 머물고 싶은 서점이다. 평소 대도시의 대형 서점만 가 봤다면 동네에 있는 작은 서점을 경험해 보는 것도 아이에게 새로운 경험이 될 것이다.

주인장은 서울에 살다가 결혼 후 강릉으로 이주한 후 카페와 서점에서 일한 경력을 살려 북카페를 오픈했다. 북카페와 함께 아동, 청소년 전문 상담소도 오픈할 예정이다.

'강릉은 모두 작가다' 프로그램

강릉시는 강릉시민과 여행자 들의 글을 모아 한 권의 책으로 출판하고 공동 저자로 등록하는 프로그램을 운영하고 있다. 강릉에 있는 서점과 카페, 숙박시설 등에 비치돼 있는 엽서에 글을 작성해 엽서함에 넣거나 QR코드를 스캔해 온라인으로 글을 제출할 수 있다. 선정된 작품에 한해 매년 상반기와 하반기 2회에 걸쳐 출판이 이루어진다.

문의 강릉책문화센터 033-640-5472

아이와 함께하는 강원도 서점투어

속초 완벽한날들

주소	강원도 속초시 수복로259번길 7
문의	0507-1405-2319
운영시간	오전 10시~오후 5시, 일요일 오전 10시~오후 4시, 월요일 휴무

속초시외버스터미널에 인접한 완벽한날들은 1층은 서점, 2층은 게스트하우스다. 비정기적으로 전시회와 저자 강연회가 열려, 속초 문화의 통로 역할을 하는 곳이다. 서울에 살다가 속초로 이주한 부부가 편안하고 사람 냄새 나는 온기 있는 공간을 만들었다. 책을 고르는 정성과 속초를 향한 애정 어린 마음이 듬뿍 느껴지는 서점.

속초 동아서점

주소	강원도 속초시 수복로 108
문의	0507-1413-1555
운영시간	오전 9시~오후 9시, 일요일 휴무

60년 이상 영업을 이어오고 있는 이 서점은 몇 년 전 3대인 김영건 씨가 합류하면서 현지인과 여행자 들이 두루두루 찾는 서점으로 재탄생했다. 매대마다 책을 추천하는 이유가 손글씨로 적혀 있어 무심히 지나쳤던 책도 한 번 더 보게 만드는 곳이다. 기획 코너와 정성 어린 책 추천으로 동아서점만의 취향과 분위기를 물씬 느낄 수 있다.

춘천 책방마실

주소	강원도 춘천시 전원길 27-1
문의	010-9948-3205
운영시간	12시~오후 9시, 월요일 휴무

주택을 개조한 곳이라 누군가의 집에 초대받아 가는 기분이 든다. 책과 에코백, 엽서 등이 있는 아늑한 공간이 상당히 매력적이다. 서가에 꽂힌 책은 구매 후 읽을 수 있고, 테이블에 비치된 책은 자유롭게 읽어도 된다. 2층은 주인장의 소장용 도서들을 편안하게 읽을 수 있는 공간이다. 최대 4인까지 들어갈 수 있는데, 예약 후 단독으로 사용할 수 있다.

춘천 서툰책방

주소	강원도 춘천시 향교옆길13번길 22
문의	070-7721-7276
운영시간	오전 11시~오후 7시, 일요일 휴무

골목길을 걷다 보면 만날 수 있는 작은 서점이다. 주인장이 정성스럽게 큐레이션한 책들을 따라 의외의 책들을 만날 수 있는 공간이다. 책을 사면 스탬프를 찍어 주고, 10개를 모으면 음료 한 잔을 서비스로 준다. 책을 사면 선물받은 느낌이 들도록 책을 포장해서 준다. 골목길이 좁기 때문에 주차는 골목 끝 넓은 공터에 하고 걸어가면 좋다.

동해 서호책방

주소	강원도 동해시 청운로 84 1동 103호
문의	033-521-0491
운영시간	오전 11시~오후 6시, 목요일 휴무

아파트 상가 내에 위치한 서점. 아이와 함께 방문하는 걸 환영한다는 안내문과 함께 동화책을 읽을 수 있는 좌식 공간이 따로 마련되어 있다. 커피를 주문하면 직접 농도를 조절해 마실 수 있도록 모카포트에 끓인 커피와 물을 따로 내준다. 벽 한쪽에는 2주마다 서점 주인이 추천하는 '이주의 책'이 소개돼 있다. 책과 커피, 평온한 시간을 사랑한다는 주인장의 추천 책이 궁금해서 더 눈길이 간다.

원주 터득골북샵

주소	강원도 원주시 흥업면 대안로 511-42
문의	033-762-7140
운영시간	오전 11시~오후 6시, 월요일 휴무

산길을 따라 올라가 숲속에서 만날 수 있는 동화 속 집 같은 서점이다. 책 판매와 더불어 브런치 메뉴, 북스테이를 운영한다. 책을 좋아하는 가족이라면 이곳에서 머물며 늦은 밤까지 책 읽기에 빠져 봐도 좋겠다. 창밖의 푸른 자연과 창문 사이로 스며드는 바람 속에 책을 고르면 행복함이 곁든다. 이곳은 해가 질 때쯤 더 빛을 발한다. 멀리 보이는 산이 붉게 물들면서 운치를 더한다. 무엇보다 자연으로 떠나는 여행과 서점 여행을 동시에 느낄 수 있는 곳이다.

독서모임 중인 사람들ⓒ터득골북샵

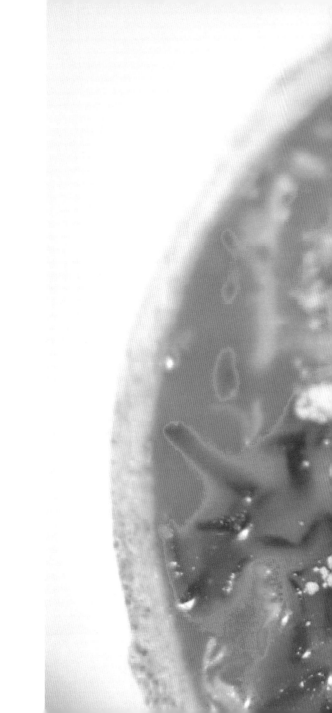

낯설지만 매력 있는 강릉 물회

은근한 중독성으로

여행자의 발길을 이끄는

물회와 장칼국수

강원도 밖에서는 의외로
맛보기 어려운 장칼국수

매운맛으로의 초대

주성

여행에서 먹는 모든 메뉴를 아이에게만 맞출 순 없다. 부모가 잘 먹어야 일정에 힘이 붙는다. 한 끼 정도는 나를 위한 메뉴를 챙겨 보자. 기왕이면 자극적인 음식으로.

조금 색다른 강릉 물회의 맛

강릉을 대표하는 음식 중 하나는 물회다. 사실 바다가 있는 제주도, 전라도, 경상도, 강원도에는 저마다의 특색이 있는 물회가 있다. 단순하게 생각하자면, 회를 국물에 말아 먹는 음식일 뿐인데 무척이나 다르다. 전라도에서 놀러 온 지인은 온통 붉은빛의 강원도 물회를 보고 이게 뭔가 했단다. 반대로 강원도 사람이 제주도에서 물회를 시키고는 누리끼리한 된장 국물에 제대로 음식이 나온 게 맞냐고 되물었다는 이야기도 듣는다.

결정적인 차이는 국물의 주재료에서 난다. 강원도 물회는 초고추장을 주재료로 하고 과일즙을 넣어 매콤달콤한 맛이 특징이다. 이 국물에 제철을 맞은 광어, 가자미, 오징어 등의 생선회와 아삭함을 더하는 채 썬 야채와 과일을 넣는다. 생선회를 초장 맛으로 먹느냐는 핀잔도 물회를 한술 입에 넣고 나면 싹 사라진다. 이 국물에 소면도 말고, 뜨거운 밥도 말아 먹는다. 낯설지만 일단 맛보면 한 그릇 뚝딱 해치울, 매력적인 맛이다.

강릉에서 물회는 시내 횟집에서도 취급하는 흔한 메뉴지만, 아무래도 현지 느낌을 제대로 살리려면 바닷가 쪽으로 가야 한다. 그중 물회로 가장 유명한 지역은 사천항이다. 경포와 주문진 사이의 작은 포구인 사천항은 몇 년 전부터 '사천물회마을'로 불릴 정도로 물횟집이 많다. 어느 집에 들르든 강릉 물회 맛을 진하게 느낄 수 있다. 아이들이 충분히 좋아할 만한 해물미역국도 있으니, 미안함은 덜어도 된다.

강릉 청소년들의 입맛, 장칼국수

'해산물 말고 딴 거'를 외친다면, 뜨겁고 맵고 구수한 음식이 기다리고 있다. 바로 장칼국수다. 최근 텔레비전에서 많이 소개되기도 하고, 라면으로도 나와 익숙하긴 하지만, 장칼국수는 강원도를 벗어나면 쉽게 맛볼 일 없는 메뉴다. 그래서 강원도 장칼국수의 매력에 반한 이들은 1년에도 몇 번씩 장칼국수를 먹으러 강릉을 찾는다.

장칼국수에서 '장'은 고추장과 된장을 말한다. 각자 집안에서 전해 내려온 레시피에 따라 고추장과 된장의 비율을 조절한다. 장칼국수에 대한 강릉시민의 선호도가 각각인 이유는 집집마다 장칼국수의 맛이 달라서이기도 하다.

처음 장칼국수를 먹었을 때, 충격이 세게 왔다. 아내 손에 이끌려 간, 중고등학교 때 친구들과 종종 가서 먹었다는 시내 허름한 식당이었다. 중고생들이 분식점도 아닌 식당에서 우동도 아닌 장칼국수를 먹었다는 사실이 첫 번째 문화 충격이었다.

두 번째 충격은 그 맛이었다. 그곳의 맵고 짜고 단 국물은 감당하기 힘들 정도였다. 그 뒤로 한동안 장칼국수라면 내게 피해야 할 음식으로 저장되어 있었다.

그로부터 한참 시간이 흘러, 동네 형님과 식사를 하기로 한 날이었다. 형님이 뭘 먹고 싶냐고 물으시는데, '저기 앞 호텔 런치 뷔페가 괜찮다는데요'라고 속마음을 전하기 어려웠다. 동네 형님은 고뇌 끝에 메뉴를 정했다.

"장칼국수 먹으러 가자."

형님의 '최애' 장칼국수집에서 어쩔 수 없이 장칼국수 그릇을 다시 마주했다. 걱정이 앞섰다. 그래서 별 기대 없이 첫 젓가락을 떴는데, 그릇을 다 비울 때까지 젓가락질을 멈출 수가 없었다. 밥을 말아 국물까지 배 속 가득 넣은 뒤에 알았다. 나도 장칼국수를 좋아할 수 있다는 것을.

누군가에게는 장칼국수가 고추장의 쨍한 맛으로 기억되는 한편, 누군가에게는 된장의 구수한 맛으로 기억된다. 장칼국수에는 강원도 장맛의 묵은 시간들이 녹아 있다. 식당까지 열 정도면, 자기 집의 오랜 레시피에 그만큼 자신 있다는 것일 터다. 장칼국수집은 강릉 어디에서도 쉽게 찾을 수 있다. 참고로 이야기하자면, 장칼국수는 해장에도 꽤나 괜찮은 메뉴다.

물회 추천 맛집

해미가

주소	강릉시 솔올로 103
문의	033-647-1003
운영시간	오전 11시 30분~오후9시, 일요일 휴무

탱글하고 푸짐한 광어살에 새콤달콤한 육수, 사이드 메뉴지만 메인 못지 않은 맛의 미역국과 바삭한 전, 수육까지 가성비 좋은 메뉴로 가족 모두 든든하게 먹을 수 있다. 식당 자리가 협소한 편이라 숙소에서 배달해 먹기를 추천한다. 참고로 해미가 옆 해미가수산은 포장 전문으로 해미가와 같은 사이드 메뉴는 없지만 더욱 푸짐한 모둠회로 물회를 판매한다.

수진네횟집

주소	강릉시 사천면 진리해변길 68-14, 2층
문의	033-641-8220
운영시간	오전 9시~저녁 8시

모둠부터 오징어, 가자미 등 각종 물회를 맛볼 수 있는 곳으로 육수의 맛이 진하고 칼칼하다. 모둠물회는 제철 해산물로 나오니 가리는 게 있다면 미리 문의하자. 아이를 위한 새우볶음밥이나 미역국, 전복해물뚝배기 등의 메뉴도 있고, 물회만큼 인기인 해물라면, 고소함 가득한 성게비빔밥도 있다. 다양하게 먹기 좋은 곳이다.

장칼국수 추천 맛집

까치칼국수

주소   강릉시 강릉대로313번길 62
문의   033-652-7410
운영시간   오전 10시 30분~오후 7시 30분, 수요일 휴무

이곳의 장칼국수에는 냉이가 들어간다. 된장의 맛이 진해 매운 걸 잘 못먹는 사람들도 즐길 수 있는 이곳의 대표 메뉴 검은콩장칼국수는 얼큰하고 구수한 맛이 일품이다. 분식점에서나 볼 법한 소고기김밥은 의외의 메뉴이기도 하다. 하지만 약간의 기름진 맛이 장칼국수와 잘 어울려 꼭 함께 맛보기를 강력하게 추천한다.

안목바다식당

주소   강릉시 성덕로 148
문의   033-652-3373
운영시간   오전 11시~오후 7시 30분

딱 봐도 된장의 노란빛보다는 고추장의 붉은빛이 선명한 이곳의 장칼국수는 얼큰함이 강조된 어른 취향이다. 동절기엔 만둣국을, 하절기엔 콩국수를 파는데, 장칼국수 못지않게 인기가 좋다. 단, 아이를 위해 만둣국을 주문했는데 약간 매운 김치만두라 당황한 기억이 있다. 얼큰한 메뉴가 대부분이라 아이가 먹을 수 있는지 미리 확인할 필요가 있다.

신사임당과 율곡 이이가 나고 자란 오죽헌

신사임당, 율곡 이이, 허균, 허난설헌, 김시습……
강릉엔 유독 흥미로운 역사 인물이 많다.
그들의 이야기를 따라가는 것만으로
좋은 여행이 완성된다.

계절마다 꽃이 어우러지는
허균허난설헌 생가

역사가 흐르는 강릉

은현

강릉은 수천 년 전의 과거와 현재가 공존하기에 더욱 흥미로운 곳이다. 과거의 흔적을 살피다 보면, 옛사람들의 발자취가 성큼 가까이 다가올 것이다.

이이와 사임당의 흔적을 좇다, 오죽헌

조선시대 화가이자 '현모양처'의 대표로 불리는 신사임당, 성리학을 집대성하고 나라의 부국강병을 외쳤던 율곡 이이가 태어난 오죽헌. 오죽헌의 도시에서 나고 자랐지만, 나에게 오죽헌은 해마다 가던 소풍 장소 그 이상도 이하도 아니었다. 사임당의 인자하고 자상한 현모양처 이미지에는 '고루하다'라는 인식마저 있었다.

　연간 80만여 명이 다녀가는 오죽헌은 여름방학, 겨울

방학이면 아이와 함께 온 가족 방문객들로 떠들썩한 관광지다. 오죽헌에 대체 뭐가 있을까 궁금해 문화 해설을 듣고, 자료들을 찾아보면서 나의 인식은 조금씩 바뀌어 갔다.

오죽헌은 율곡 이이의 외가이자, 사임당의 친정이다. 둘은 이곳에서 태어나고 자랐다. 율곡은 이곳에서 6세 때까지, 사임당은 19세에 결혼한 뒤에도 한동안 오죽헌에 살다가 38세 때 율곡과 함께 한양으로 올라갔다. 오죽헌은 넓게는 사랑채와 안채, 어제각, 문성사 등 집 전체를 아우르는 개념이지만, 좁게는 율곡이 태어난 별당 건물을 의미한다. 현존하는 가장 오래된 주택 건물 중 하나이고, 고려시대와 조선 초기의 건축 양식을 동시에 보여 주는 중요한 문화재이기도 하다.

흥미로운 것은 조선시대 초기만 해도 남녀차별이 심하지 않았기에 재산을 자녀에게 균등하게 배분하는 제도가 있었다는 점이다. 또한 아들이 없을 경우 사위나 외손이 제사를 모시게 하는 외손봉사의 풍습이 있었는데, 이때 외손에게 일정한 재산을 함께 상속했다고 한다. 사임당의 어머니인 용인 이씨는 다섯 딸들 중 넷째 딸의 자녀, 자신의 외손주인 권처균에게 별당인 오죽헌을 물려주며 조상의 묘소를 돌보라고 당부했다. 이 별당 앞에 검은 대나무^{오죽}가 많은 것을 본 권처균은 자신의 호를 '오죽헌'이라고 했고, 이것이 후에 집 이름으로 불렸다는 이야기가 내려온다.

오죽은 60년을 살다가 죽는데, 죽기 전에 꽃을 피우고 아래쪽이 하얗게 변한다. 2020년 10월 오죽헌이 개관한 이래 처음으로 오죽꽃이 피어서 화제가 되고, 전국에서 이 꽃을 보기 위해 사람들이 몰려들었다. 그런데 이 꽃이 화려한 꽃이 아닌 보리 수수처럼 수수한 꽃이어서 오죽꽃을 앞에 두고 사람들이 한참을 꽃이 어디 있는지 찾는 웃지 못할 광경이 펼쳐지기도 했다.

오죽헌이 유명한 건 신사임당 덕분일까, 율곡 이이 덕분일까? 조선시대 사회적 성취를 따지면 율곡 이이 덕분이겠지만, 문화적 가치로서는 신사임당의 성취 또한 만만치 않다. 풀과 벌레를 소재로 한 초충도를 잘 그렸고, 천자문과 사서삼경을 공부하고, 시에도 뛰어난 재능을 보였던 사임당. 한양에서 강릉에 있는 어머니를 그리면서 쓴 시는 지금도 그리움이 절절하게 느껴진다.

사친

천 리 먼 고향 산은 만 겹 봉우리로 막혔으니

가고픈 마음은 오래도록 꿈속에 있네

한송정 가에는 외로운 둥근 달이요

경포대 앞에는 한 줄기 바람이로다

모래벌판엔 백로가 언제나 모였다 흩어지고

파도 위엔 고깃배가 오락가락 떠다닌다

어느 때 강릉 땅을 다시 밟아서

색동옷 입고 어머니 곁에서 바느질할꼬

오죽헌을 둘러보며 인상 깊었던 대목은 사임당이 재능을 펼칠 수 있었던 데는 아버지의 후원과 지지가 있었다는 점이다. 아버지는 사임당의 재능을 아껴 당시로는 늦은 나이인 19세에 결혼을 시키고, 결혼 후에도 한동안 친정에 살면서 재능을 펼칠 수 있도록 했다고 한다. 사임당의 아버지가 사임당에게 당시 관습대로 글과 그림을 가르치지 않았다면 지금까지 사임당의 이름이 알려질 수 있었을까. 덕분에 학식과 재능을 펼칠 수 있었던 어머니를 율곡은 존경했다.

어머니는 어렸을 때 경전을 통했고 글도 잘 지었으며 글씨도 잘 썼다. 또한 바느질도 잘하고 수놓기까지 정묘하지 않은 것이 없었다. (중략) 평소에 묵적이 뛰어났는데 7세 때 안견의 그림을 모방하여 산수도를 그린 것이 아주 절묘하다. 또 포도를 그렸는데 세상에 시늉을 낼 수 있는 사람이 없다.

율곡 이이, 「선비행장」에서

존경받는 어머니가 된다는 건 얼마나 어려울까. 아이를 키우면서 친구 같은 부모가 되는 건 쉽지만, 존경받는 부모가 된다는 건 얼마나 어려운지를 조금씩 알아가고 있다. 아이에게 하지 말라고 가르치면서 정작 나는 버리지 못하는 습관들이 얼마나 많은지. 사임당의 재능과 스스로에 대한 엄격함, 성실함은 아들인 율곡의 삶에 거울이 되지 않았을까.

율곡은 정신적 지주와도 같았던 어머니를 여의고, 금강산에 들어갔다가 오죽헌으로 돌아와 스스로 경계하는 글인 〈자경문〉을 짓는다. 율곡이 얼마나 스스로와 싸우면서 뜻을 세우고, 학문의 올바른 방향을 찾으려고 했는지를 볼 수 있는 부분이다. 이후에도 학문을 처음 시작하는 사람들을 위한 《격몽요결》을 짓는 등 평생 쌓아 온 학문을 후대에 남기려고 애썼다는 점이 율곡을 새롭게 바라보게 한다.

율곡기념관에 들어서면 율곡과 사임당의 연대기와 용인 이씨가 재산 분배를 위해 적은 〈이씨분재기〉, 율곡이 쓴 서신들, 사임당이 그린 작품들을 하나하나 살펴보며 역사를 더 생생하게 느낄 수 있다.

오죽헌에서 나오는 길에는 율곡인성기념관이 있는데, 이곳에서는 3D로 오죽헌을 만날 수 있다. 율곡과 사임당의 일대기를 재현한 애니메이션 감상, 디지털로 초충도 색칠하기 등 체험활동도 할 수 있다.

여기까지 다가 아니다. 율곡 동상 뒤편으로는 사임당의 초충도 화단을 재현한 연못이 있다. 그림에 그려진 가지, 수박, 맨드라미 등도 그대로 심어 놓았다. 그 뒤로는 '오죽헌 숲길'이 있다. 얕은 언덕을 오르면 소나무 숲을 따라 산속의 고즈넉한 풍경을 만날 수 있다.

오죽헌은 시간을 넉넉하게 할애해 둘러볼 곳이다. 아이와 함께 숲길을 걸으며 오죽헌의 풍경을 오래오래 간직할 수 있기를 바란다.

알면 알수록 강릉

자연과 어우러지는 고택, 허균허난설헌기념공원

초당동에는 순두부 식당 외에도 꼭 들러 봐야 할 곳이 있다. 계절마다 옷을 갈아입는 예쁜 꽃들과 소나무 숲 사이로 멋스러운 고택이 자리하고 있는 허균허난설헌기념공원이다.

기념공원에 도착하면 가장 먼저 허균허난설헌기념관에 들러보길 바란다. 뛰어난 재능이 있었지만, 시대와 불화한 두 남매의 생애와 업적을 만날 수 있는 곳이다. 짧은 관람에도 수백 년을 거슬러 역사 여행을 다녀온 기분이 든다.

《홍길동전》을 쓴 허균은 고위관직에 여러 번 올랐으나 개혁적인 성향으로 유배와 관직에 오르기를 반복했다. 관직에서 멀어질 때마다 고향인 강릉을 찾아 마음의 쉼을 얻었다. 허난설헌은 오빠 허봉의 도움으로 시와 글을 배우고 작품들을 남겼다.

채련곡

가을 호수 맑고 푸른 물 구슬 같아

연꽃 핀 깊은 곳에 목란 배 매었지

임을 만나 물 건너 연밥 따 던지고는

행여 누가 보았을까 한나절 부끄러워

난설헌은 결혼 후 남편과의 갈등과 고부갈등, 자식들과 오빠의 죽음으로 마음고생을 하다가 27세에 생을 달리했다. "연꽃 스물일곱 송이 붉게 떨어지니 달빛이 서리 위에 차갑기만 하다"는 자신의 죽음을 예견한 시를 남기고 불운한 생을 마감했다.

난설헌의 작품들은 유언에 따라 불태워졌는데, 허균이 남아 있던 시와 외우고 있던 시들을 모아 《난설헌집》을 출간했다. 명나라 사신이 조선에 올 때 허균이 보여 준 난설헌의 시를 보고 감탄했다고 전해지고, 중국에서도 난설헌의 시를 모은 시집들이 출간됐다. 이후 일본에서도 시집이 출간돼 허난설헌의 이름이 국제적으로 알려졌다. 개인의 삶은 불운했지만, 그녀가 남긴 시들은 '조선'이라는 작은 나라에 갇혀 있지 않아 다행이다.

기념관을 나서면 꽃밭이 있다. 색색깔의 꽃들과 '허씨 5문장'이라 불리는 허엽과 허봉, 허균, 허난설헌, 허성이 쓴 시비를 지나면 허씨 가문이 살았던 생가를 만날 수 있다. 생가는 1912년 초계 정씨의 후손인 정호경 씨가 가옥을 고치면서 지금의 모습이 됐다. 안채와 사랑채, 곳간채가 'ㅁ' 자로 배치되어 있다.

지금은 볼 수 없는 이런 가옥 구조를 보면 수백 년 전

이곳에 살았던 사람들의 모습과 생활상들이 어렴풋이 그려진다. 부엌에서 가마솥에 밥을 짓고, 안채에서는 글공부를 하고, 공부가 잘되지 않을 때는 마당에 나와서 바람을 쐬고, 솔숲 길도 걸어 보지 않았을까. 생가 규모가 크지 않아서 금방 둘러볼 수 있지만, 고택을 배경으로 사진을 찍고 툇마루에 걸터앉아 쉬어 가며 이곳의 정취를 느껴 보길 권한다.

생가를 나서면 이곳의 백미라고 할 수 있는 넓은 소나무 숲을 만날 수 있다. 여름에 돗자리 하나를 깔면 무더위도 비집고 들어올 틈이 없을 정도로 시원하다. 아이와 함께 솔방울을 주워 모으고, 술래잡기 놀이나 숨바꼭질을 하면서 시간을 보내기에 제격인 공간이다. 솔숲을 따라 조금 더 걸어가면 경포호수로 이어진다. 아이가 어리다면 유아차에 태우거나 함께 쉬엄쉬엄 걸으며 산책하기에 아주 멋진 곳이다.

고려시대 관청과 객사의 흔적, 강릉대도호부관아

강릉 시내인 명주동을 걷다 보면 거대한 전통 가옥이 중심가에 자리한 것을 볼 수 있다. 학창시절 근처의 중학교를 다니면서 이곳에 '객사문'이 있다는 것은 익히 들었지만 한 번도 가 본 적이 없었다. 그만큼 예전에는 접근성이 좋지 않았는데, 여러 번의 개보수 작업을 거쳐 지금은 자유롭게 드나들 수 있는 유적지로 탈바꿈했다.

강릉대도호부관아는 고려시대 영동지역을 관할한 행정관청을 보수한 곳이다. 역사적으로 동해안을 따라 외침이 잦았기 때문에 강릉은 신라시대와 고려시대 당시 전략상 중요한 위치였다. 관아 왼쪽으로는 부속건물인 칠사당이 있는데, 지방으로 파견된 목민관이 일곱 가지 직무를 보던 곳이라고 한다. 고려시대 지어진 건축물이 그대로 남아 있는데, 높게 솟은 누마루(다락처럼 높게 만든 마루)가 인상적이다.

관아 뒤편으로는 국왕을 상징하는 전패를 모신 곳이자 사신의 접대 공간인 임영관이 자리하고 있다. 임영관에 들어서는 객사의 정문에는 '임영관 삼문'이 있는데, 고려시대 배흘림양식을 볼 수 있는 건축물로, 강릉 유일의 국보다.

문화재 해설을 듣고 살펴보니 평범해 보이던 문이 시간의 흔적을 고스란히 품은 역사의 현장으로 느껴진다. 관리들은 강릉에 도착하면 임영관 중앙에 임금의 전패를 모시던 곳으로 들어가 예를 갖추었다고 한다. 양옆으로 동대청과 서헌이 있는데, 강릉에 온 관리와 사신 들이 머문 객사다.

알면 알수록 강릉

주말에는 대도호부관아와 임영관에서 명주프리마켓이 열리고, 문화재야행 등 축제의 무대가 펼쳐지기도 한다. 고택의 정취를 느끼면서 축제에 참여할 수 있어 단순히 '운치 있다'고만 생각했는데, 역사를 알고 나니 천 년 동안 이어진 강릉의 존재감이 소중하게 다가온다.

→ 오죽헌

주소	강릉시 율곡로3139번길 24
문의	033-660-3301
운영시간	오전 9시~오후 6시
이용료	일반 3,000원 ǀ 청소년 2,000원 ǀ 어린이 1,000원
	6세 이하 65세 이상 무료
홈페이지	www.gn.go.kr/museum

오죽헌 내에 계단이 많이 있지만, 유아차로 올라갈 수 있는 길도 따로 마련되어 있다. 하루 총 8회 정해진 시간에 진행되는 문화 해설을 들으면 오죽헌의 역사와 가치를 더 생생하게 만날 수 있다. 강릉시민은 무료 입장이고, 전통한복 및 생활한복을 입은 경우에도 무료로 입장할 수 있다.

→ 허균허난설헌기념공원

주소   강릉시 난설헌로193번길 1-16
문의   033-640-4798
운영시간   오전 9시~오후 6시, 월요일 휴무
이용료   무료

허균허난설헌 생가와 주변 숲을 따라 길이 잘되어 있어 아이를 유아차에 태워서 둘러보기 좋다. 주말이면 비정기적으로 허균허난설헌기념관 중정에서 문화 체험행사가 열린다.

→ 강릉대도호부관아

주소   강릉시 임영로131번길 6
문의   033-640-4468
운영시간   오전 9시~오후 6시
이용료   무료

잔디밭이 넓지만 그늘이 없기 때문에 햇살이 강한 날에는 모자를 반드시 준비하는 게 좋다. 문화해설을 들으면 이곳의 역사를 더 깊이 이해할 수 있다. 명주프리마켓, 문화재야행 등의 행사가 비정기적으로 열린다.

역사를 품은 여행지

강릉시립박물관

주소	강릉시 율곡로 3139번길 24
문의	033-660-3301
운영시간	오전 9시~오후 6시
이용료	오죽헌 입장 시 무료

오죽헌 내에 위치한 박물관으로 강릉을 비롯한 영동지방에서 출토한 유물, 고문서, 도자기 등을 소장하고 있다. 강릉 초당동에서 발견된 신석기 시대 고분을 모형으로 재현해 놓았으며, 〈난설헌시집〉 목판초간본과 《홍길동전》 등의 문집, 해운정 정자를 지은 심언광 관련 유물 등을 볼 수 있다.

오죽한옥마을

주소	강릉시 죽헌길 114
문의	관리사무소 033-655-1117~1118
홈페이지	ojuk.gtdc.or.kr

2018년 평창동계올림픽 때 한국 전통문화 체험의 일환으로 조성된 곳. 하룻밤 머물며 운치를 느낄 수 있다. 보급형부터 고급 독채까지 다양한 형태의 한옥들이 있고, 전부 온돌이기 때문에 아이와 함께 바닥에서 자기 편하다.

주소	강릉시 운정길 63
문의	033-648-5303
운영시간	오전 9시~오후 6시(동절기 ~오후 5시)
이용료	일반 5,000원 | 청소년 3,000원
	어린이 2,000원 | 7세 이하 무료
홈페이지	knsgj.net

조선 태종의 둘째 아들인 효령대군의 11대손 무경 이내번이 지은 가옥으로, 사대부 집안의 상류 주택을 엿볼 수 있다. 고풍스러운 멋과 자연이 어우러져 영화 〈식객〉, 〈관상〉, 드라마 〈사임당, 빛의 일기〉, 〈황진이〉, 〈궁S〉 등 영화와 드라마 단골 촬영지가 되었다.

입구 왼쪽으로 카페가 있고, 오른쪽 연못에는 '활래정'이라는 정자가 멋스럽다. 선교장 뒤편으로 소나무 숲을 오르면 선교장 고택의 운치를 느끼며 산책할 수 있다.

조선시대에는 선교장 앞까지 경포호수여서 다른 동네로 이동할 때 배로 만든 다리를 건넜다고 한다. 배다리 모형 만들기 체험을 할 수 있다(체험비 1만 원, 30분 소요).

익히 알고 있을 법하지만
예상과는 다른 맛을 지닌 강릉 막국수

강릉에 와서 사람들이
막국수와 옹심이를 찾는 데에는
분명한 이유가 있다.

손이 많이 가는 음식인 옹심이

궁한 시절의 매력적인 음식들

주성

기름을 바른 듯 반들거리는 검은 면발과 그 위에 채 썬 양배추, 딱 봐도 침이 고이는 붉은 양념. 족발과 보쌈의 파트너인 막국수는 늘 그런 모습이었다. 그런 막국수를 참 좋아했다. 족발과 보쌈보다 더 기대되기도 했을 정도로. 그랬기에 강원도 막국수를 처음 먹으러 가는 날, 솔직히 설렜다. 그런데 웬걸, 내 눈앞에 나온 음식은 눈을 씻고 봐도 내가 알던 막국수와 닮은 곳이 1도 없는 아예 다른 음식이었다.

흔히 아는 그 막국수와는 다른 강릉 막국수

막국수는 강원도 전역에서 즐겨 먹는 음식이다. 척박한 땅에서도 잘 자라는 메밀을 빻아 반죽하고 바로 막 만들어 먹었다고 해서 막국수란 이름이 붙었단다. 메밀은 반죽도 잘되지 않을뿐

더러, 메밀로 만들어 먹을 만한 게 국수 정도라, 막국수는 그야말로 마땅치 않을 때 허기를 때우는 별식이었다고.

궁하던 시절의, 흘러간 옛 추억의 음식 같지만, 막국수의 위상은 여전히 건재하다. 이제는 수입 메밀을 사용하는 식당이 많은데도, 지역민들의 막국수 사랑은 식을 줄 모른다. 그 증거로, 늘면 늘었지 줄지는 않는 막국숫집 숫자를 찾을 수 있다. 이제 막국수는 배고픔에 '어쩔 수 없이'가 아니라 먹고 싶어 '어쩔 줄 모르겠는' 음식이 되어 버렸다.

강릉 막국수의 면발은 짙은 회색 바탕에 검은 메밀 껍질이 점처럼 박혀 있고, 면이라면 응당 있어야 할 것 같은 찰기가 없다. 이빨로 씹으면 씹는 대로 매가리 없이 썰린다. 그렇다면 맛은? 동네사람들이 좋아하는 식당들의 맛은 무척이나 오묘하다. 육수와 양념장은 짠 듯하면서 단데, 결코 '단짠'은 아니다. 쫄깃하게 씹히는, 침이 폭발하는 족발집 막국수의 새콤달콤함을 기대했다면 입안에 넣는 순간 당혹스러움을 경험할 수도 있다.

강릉 생활 초반, 강릉 막국수와의 만남이 몇 번 이어졌다. 찾은 가게마다 맛이 조금씩 달랐지만. 이거다 싶은 곳은 없었다. 그런데 어느 날, 뭔가 이상했다. '내가 왜 이러지. 분명 어제도 먹

알면 알수록 강릉

었는데 오늘도 먹고 싶네.' 쓰고 텁텁하다 느꼈던 커피를 지금은 매일 마시는 것처럼, 코를 막고 마시던 소주의 맛이 달콤하게 느껴졌던 그때처럼, 막국수는 내게 왔다.

맛있는 면 요리들은 차고 넘친다. 그런데도 짬뽕도, 파스타도, 짜장면도 아닌 막국수를 찾는 이유는 무엇일까. 개인적인 이유라면 편안함이다. 음식에서 맛이 아닌 편안함을 찾는다니, 생뚱맞아 보이긴 하지만, 막국수의 주재료인 메밀은 소화가 잘된다고 알려진 식재료다. 함께 놓이는 양념과 육수도 자극적이지 않아 막국수 곱빼기도 술술 넘어간다.

손이 많이 가는 감자 요리, 옹심이

기대와 달라서 그렇지, 막국수가 알 만한 음식이었다면, 옹심이는 이름조차 생소한 음식이었다. 실물을 봐도, 먹어 봐도 이게 뭘로 만들었는지 가늠하기 힘들었다. 이런 미지의 음식 옹심이도 역시 강원도에 특화된 음식이다. 재료부터가 강원도의 상징인 감자다.

모양은 떡 같기도 하고 수제비 같기도 하다. 옹심이의 어원은 동지 때 빚어 먹는 '새알심'이라고.

옹심이 만드는 과정을 본 적이 있다. 무척이나 손이 많이 갔다. 감자를 갈아 물기를 짜낸 뒤 앙금을 가라앉히고,

이를 반죽해 경단처럼 빚어 육수에 끓여 먹는 음식이 바로 옹심이다. 옹심이의 식감은 꽤나 독특한데, 제대로 만든 옹심이는 쫄깃함 속에 서걱거림이 있다.

아마도 그랬을 것이다. 추수할 때는 멀었고, 먹을 만한 게 여름에 수확한 감자밖에 없던 시절, 주구장천 감자만 쪄 먹고 구워 먹고, 채 썰어 볶아 먹고, 갈아 지져 먹기엔 아쉬웠을 것이다. 어떻게 먹어야 하나 고민하다 기상천외한 조리법을 발견하고, 그 결과물에 '지화자'를 외치지 않았을까. 옹심이로부터 궁하면 통한다는 이야기를 떠올린다.

진한 육수에 담긴 옹심이를 한 수저 푹 떠서 입으로 가져간다. 매력적인 식감에 입이 즐겁고, 위장은 든든해진다. 시작은 궁했지만, 결과는 궁하지 않았다. 이곳에 살아온, 또 거쳐간 이들의 배 속을 여전히 든든히 채우고 있으니 말이다.

쌀이 부족해 메밀과 감자로 끼니를 해결하던 시절은 아득히 먼 과거가 된 지 오래다. 그 시절의 음식들은 단순히 추억의 맛이 아니라 이곳을 대표하는 맛이 되었다. 이런 게 '강원도의 힘'이 아닐까. 언제나 부족하지만 고민하고 노력해 가다듬으며 결국은 쓸 만한 것들을 만들어 내는 능력. 나도 이곳에 살며 조금씩 쓸 만한 존재로 변해 가길 바라 본다.

막국수 추천 맛집

민속옹심이막국수

주소   강릉시 죽헌길44번길 27
문의   033-644-5328
운영시간   오전 10시~오후 7시 30분, 월요일 휴무

이름에서 알 수 있듯 옹심이와 막국수를 모두 낸다. 옹심이도, 막국수도 맛있지만 수육도 수준급이다. 음식을 주문하면 맛보기 수육 서너 점이 나오는데, 맛보고 나면 수육 한 접시를 시킬까 말까 고민하게 된다. 오죽헌 여행 코스에 포함시켜도 될 정도로 가까운 거리다.

엄마손막국수

주소   강릉시 운정길 40
문의   033-643-8337
운영시간   오전 11시~오후 8시, 동절기 첫째 셋째 월요일 휴무

메밀면의 매력을 물씬 느낄 수 있는 막국숫집이다. 여기에 달지 않은 동치미 국물이 더해져 다음에 또 오고 싶어진다. 선교장에서 걸어서 가도 될 정도로 가깝다.

옹심이 추천 맛집

가람집

주소   강릉시 성덕로 125
문의   033-653-3266
운영시간   오전 11시~저녁 9시, 월요일 휴무

처음 간 사람은 옹심이와 감자적을 먹고, 두 번째 간 사람은 옹심이와 장칼옹심이(장칼국수+옹심이)를 먹을 확률이 높다. 이 책의 독자라면 옹심이와 닭발과 감자적을 추천한다. 든든하게 속을 채워 주는 쫄깃담백한 옹심이가 매콤한 닭발을 부드럽게 감싸고, 감자적은 닭발 소스와 만나 환상의 조화를 이룬다.

포남사골옹심이

주소   강릉시 남구길10번길 11
문의   033-647-2638
운영시간   오전 11시 30분~저녁 7시 30분, 수요일 휴무

사골국물을 육수로 사용해 깍두기와의 조합이 더욱 좋다. 듬뿍 들어간 들깨가 고소한 맛을 더한다. 양이 푸짐해서 옹심이는 정량으로 시키고 감자송편은 따로 포장할 것을 추천한다. 입안 가득 씹히는 감자맛이 일품이다.

하슬라, 명주, 강릉…….
강릉은 천 년이 넘는 시간 동안
이름을 달리하며 역사와 전통을 이어 왔다.

굴산사지 당간지주

보물을 찾아가는 여행

주성

강릉으로의 이주를 결심한 뒤, 어디에 살면 좋을까를 고민했다. 가장 중요하게 생각한 요소는 한적함. 너무 복잡한 동네는 아니었으면 좋겠다고 생각했다. 그래야 서울을 떠나온 보람이 있을 것 같았다. 그러던 중 부동산에서 추천받은 초당동은 딱 우리가 원하는 느낌의 동네였다.

집을 마련하기 위해선 이런저런 부동산 서류와 친해져야만 했다. 자꾸 눈에 밟히는 단어가 있었으니, 바로 '문화재보존영향 검토대상구역'. 내 입장에선 뜬금없는 단어였지만 제대로 집을 구하려면 꼼꼼히 알고 넘어가야 했다. 그렇게 해서 알게 된 사실은 무척이나 놀라웠다.

초당동 땅 밑을 조금만 파면 옛 유물을 심심찮게 만나볼 수 있다는 것. 그래서 건물을 짓거나 공사를 할 때면 땅

속을 파서 유물이 있는지를 먼저 살펴야 한다는 것. 그중에서도 제일은 이렇게 발굴된 초당동 유물 중에 신라시대 금동관이 있다는 사실이었다.

금동관이 강릉에도 있다고?

강릉은 수도 중심의 역사에서는 약간 빗겨나 있는 지역이지만, 신라시대 때 이미 대관령 동쪽(영동지역)의 중심지였다. 조금의 과장을 더한다면 영동지역의 모든 사람과 물자가 강릉을 거쳐 이동했다고 봐도 될 정도. 그만큼 중요한 곳이다 보니, 삼국시대에는 강릉을 둘러싸고 고구려와 신라가 다툼을 벌였는데, 고구려의 영토일 적에는 '하슬라'라는 이름으로, 신라의 영토일 때에는 '명주'라는 이름으로 불렸다.

학계에 따르면 초당동 금동관은 서기 5세기경 경주에서 제작해 강릉 지역 수장의 충성을 얻기 위해 하사한 것일 가능성이 높다고. 이는 신라가 강릉을 간접 지배했음을 의미하는데, 강릉 김씨의 시조가 신라 태종무열왕의 5세손인 김주원인 사실과 함께 강릉이 신라의 영향을 적잖이 받은 동네임을 추측해 볼 수 있는 대목이다.

　　이런 사실을 알고 난 뒤부터 공사를 위해 땅을 파는 곳이 있으면 찾아가 유심히 들여다보는 습관이 생겼다. 거짓말이 아니었다. 1미터만 땅을 파 내려가도 범상치 않은 모양으로 놓인 돌과 그릇을 볼 수 있었다. 특별한 가치가 있지 않은 유물은 그대로 묻는다는 것, 초당동의 유물들은 대부분 다시 묻혔다는 것을 이후 알게 되었지만, 우리 동네에서 보물이 나올 수도 있다는 사실에, (어쩌면 로또 당첨보다도 낮을 확률이지만) 종종 설렜다.

당간지주를 보며 질문하다

당간지주는 신라시대 고려시대 절터에 세운 거대한 돌기둥을 말한다. 두 개의 기둥이 한 조로 구성된 당간지주는 그 사이에 깃발을 세워 절에 행사가 있음을 알리는 역할을 했다. 강릉에는 이런 당간지주가 세 곳 남아 있는데, 모두 보물로 지정되었을 만큼 그 가치가 중요하게 여겨진다.

구정면에 위치한 굴산사지 당간지주는 우리나라에서 가장 큰 당간지주다. 3층 건물에 육박하는 5.4미터의 높이는 논밭 사이 낮은 건물들이 듬성듬성 세워져 있을 뿐인 평범한 마을에서 눈에 확 띈다. 그것도 하나가 아닌 둘이라 누가 봐도 인위적으로 만들었단 생각이 드는 모습이다.

탑돌이를 하듯, 천천히 당간지주 주위를 돌기 시작한다. 이처럼 거대한 돌을 어디에서 구해 와 어떻게 세웠을까 궁금해진다. 모양과 용도는 다르지만 '거대한 돌'이라는 공통점을 가진 영국의 스톤헨지나 이스터섬의 모아이 석상도 떠오른다.

당간지주는 대개 절 앞에 세워진다. 당간지주가 있기에 당연히 절도 있을 것 같지만, 절은 눈을 씻고 봐도 없다. 당간지주는 같은 절의 유물인 굴산사지 석불좌상과 거리가 200미터가량, 굴산사지 승탑과는 500미터가량 떨어져 있어 실존했던 절의 크기가 작지 않았을 것으로 추측되지만 지금은 절터가 모두 논밭으로 바뀌었다. 그사이 세월이 많이 흐른 것이다.

종종 여행을 떠나 유물과 유적을 보면서도, 딱히 봐야 하는 이유를 묻는다면 마땅한 대답을 찾지 못했다. 있으니까 보았고 유명하니까 찾았던 게 사실이다. 할아버지의 할아버지 시대의 유물과 유적을 보며 신기해하고 또 궁금해하며 조금씩 알아가는 아이를 보며 깨달았다. 경험하지 못한 시대를 상상하는 기회를 주는 것, 그것이 우리가 유물과 유적을 찾아가는 목적이 아닐까 하고.

알면 알수록 강릉

→ 초당동 금동관

강릉원주대학교박물관에 가면 초당동 금동관을 만날 수 있는데, 이는 복제품이다. 발굴 당시 금동관은 곳곳에 녹이 슬고 훼손된 상태였기 때문에 이후 보존처리를 했다. 현재는 국립춘천박물관에 전시되어 있다.

→ 강릉의 당간지주

굴산사지 당간지주	강릉시 구정면 학산리
대창리 당간지주	강릉시 옥천동 333
수문리 당간지주	강릉시 옥천동 43-9

강릉에는 보물 85호로 지정된 굴산사지 외에도 대창리 당간지주와 수문리 당간지주가 있다. 굴산사지 당간지주와 비교해서는 크기가 크지 않지만, 보물 82호와 83호로 지정되었을 정도로 역사적 가치가 크다. 강릉 시내권역에 있어 잠깐 둘러보기 좋다.

강릉의 박물관과 미술관

주소	강릉시 죽헌길 7
문의	033-640-2596
운영시간	오전 9시~오후 6시, 주말 및 공휴일 휴무
이용료	무료
홈페이지	museum.gwnu.ac.kr

강릉은 신석기시대부터 시작해 청동기시대, 철기시대, 삼국시대의 유물이 종종 발견되는 지역이다. 그렇게 발견된 유물 중 발굴가치가 있는 것들은 이곳 강릉원주대학교박물관으로 옮겨져 전시된다. 강릉의 초당동, 병산동 유적을 비롯 인근 양양과 동해, 삼척의 유물들도 함께 전시되어 있다. 앞서 언급한 초당동 금동관의 복제품이 전시되어 있다. 탁본 체험이 가능하다.

에디슨과학박물관

주소	강릉시 경포로 393
문의	033-655-1130
운영시간	오전 10시~오후 5시
이용료	일반 15,000원 | 청소년 12,000원 | 초등학생 9,000원
	36개월 이상 6,000원 | 36개월 미만 무료
홈페이지	www.edisonmuseum.kr

지금은 스피커나 이어폰으로 손쉽게 음악을 듣지만, 축음기를 통해 소리나 음악을 듣던 시절이 있었다. 에디슨과학박물관은 축음기를 비롯해 전화, 전기냉장고, 영사기 등을 발명한 '발명왕' 에디슨의 발명품을 한자리에서 볼 수 있는 곳이다. 매시 정각에 진행되는 해설을 신청하면 발명에 얽힌 비하인드 스토리를 시청각을 활용한 해설로 더 재미있게 들을 수 있다. 7천여 점이 넘는 전시물들을 감상하고 나서 마지막에 오디오 감상실에서 고음질의 음악을 들어 볼 수 있다.

입장권 한 장을 사면 손성목영화박물관까지 관람할 수 있다. 이곳에는 추억의 영화 포스터와 영사기, 촬영기기 등이 전시돼 있다. 전시품들의 규모가 상당해서 둘러보는 데 기본 한두 시간 이상이 걸린다.

환타피아엠

주소	강릉시 해안로 10
문의	033-661-3413
운영시간	오전 9시 30분~오후 6시(동절기 ~오후 5시), 추석 설날 1월 1일 휴무
이용료	일반 10,000원	청소년 8,000원	어린이 5,000원 36개월 미만 무료
홈페이지	www.cupmuseum.org

국내 유일의 컵 박물관으로 2020년 안목해변으로 가는 초입에 새롭게 오픈했다. 유럽 왕실 컵, 디즈니 캐릭터가 그려진 컵 등 전 세계 70여 개국의 컵들을 감상할 수 있다. 시대와 장소마다 어떤 찻잔에 차를 마셨는지, 세계 문화기행을 떠나는 기분이 드는 곳. 지금껏 생각해 본 적도 없는 컵 디자인에 눈이 휘둥그레지고, 다 보고 나올 때쯤에는 찻잔 하나를 소장하고 싶은

욕구가 차오른다.

컵 만들기 체험과 AR 증강현실 체험을 할 수 있다. 2층과 3층은 장길환미술관으로, 장길환 화가의 작품을 비롯해 국내외 유명 작가들의 작품을 전시하고 있다. 장길환 화가는 강릉 출신으로, 흙으로 만든 판에 스케치를 한 후 여러 번 구워 만드는 도판화를 처음 시도한 화가다.

하슬라아트월드

주소	강릉시 강동면 율곡로 1441
문의	033-644-9411
운영시간	오전 9시~오후 6시
이용료	일반 및 청소년 12,000원 | 어린이 11,000원
	36개월 미만 무료
홈페이지	www.museumhaslla.com

정동진 해변 근처에 있는 미술관이다. '하슬라'는 고구려 때 불린 강릉의 옛 지명이다. 하슬라아트월드에는 다양한 현대미술 작품과 피노키오박물관이 있다. 피노키오박물관에서는 피노키오 조각품과 마리오네트를 감상할 수 있다. 야외에서는 푸른 동해를 배경으로 자연과 어우러진 설치미술 작품들을 볼 수 있다. 계단이 많아서 유아차는 가지고 다니기 어렵고 아기 띠를 하고 둘러봐야 편하다. 곳곳에 포토존이 많아서 아이와 함께 기념사진을 남기기에 좋다.

뮤지엄홀리데이

주소	강릉시 토성로 144 2층
문의	0507-1336-3320
운영시간	오전 11시~오후 7시, 주말에만 운영
이용료	무료

서양화가인 주인장이 작업실로 쓰는 공간을 주말에만 공개한다. 마음에
드는 작품은 그 자리에서 바로 구매할 수 있다. 몇십만 원대로 크게 부담되
지 않는 금액이라 여행을 왔다가 작품을 구입하는 사람도 꽤 많다고 한다.
전시 준비 기간 중에는 문을 열지 않으니 미리 일정 확인 후 방문할 것.

소집

주소	강릉시 공항길30번길 5 감자적본부 뒤편 회색건물
문의	0507-1345-1018
운영시간	오후 1~6시, 월요일 및 전시 준비 기간 휴관
이용료	전시 관람 무료 | 커피 등 음료 판매

이름 그대로 '소의 집'이었던 외양간이 미술관으로 재탄생했다. 겉은 외양
간의 모습을 그대로 살렸지만, 내부는 현대적인 공간으로 바뀌었다. 사진
을 찍는 아버지와 글을 쓰는 딸이 함께 운영하고 있다.

대추무파인아트

주소	강릉시 성산면 소목길 18-21
운영시간	오전 11시~오후 7시, 월요일 휴무
이용료	전시 관람 무료 | 커피 등 음료 판매

강릉에서 흔치 않은 현대미술관이다. 영국에서 유학한 부부가 고향으로 돌아와 현대미술관을 오픈했다. 입구 문이 묵직해 쉽게 안 열려도 당황하지 말고 조금 더 힘을 쓰면 방금 전의 논밭과는 차원이 다른 세련된 공간을 만날 수 있다.

20~30분이면 둘러볼 수 있는 공간이지만 음료를 마시며 더 머무르고 싶어지는 곳이다. 아이와 함께 방문할 경우 아이에게 미술관 관람 에티켓을 미리 가르쳐 주자. 강릉IC 근처라 강릉으로 들어오는 길이나 나가는 길에 들르는 것도 좋은 방법이다.

알면 알수록 강릉

2018 평창동계올림픽의 현장!

2018년 강릉과 평창에서 동계올림픽이 열렸다. 1988년 서울올림픽(하계올림픽) 이후 30년 만에 우리나라에서 열린 올림픽이다. 강릉에서는 피겨스케이팅, 스피드스케이팅, 컬링 등 빙상 종목이, 평창에서는 스키점프, 스노보드, 봅슬레이 등 설원에서 열리는 종목이 펼쳐졌다.

동계올림픽 기간 동안 컬링이 크게 인기를 끌었는데, 2021년 '팀 킴' 컬링팀이 강릉시청으로 소속을 옮겨 새 출발을 알리기도 했다. 올림픽 인기 종목인 컬링을 강릉에서 직접 체험해 볼 수 있다. 사전 예약제로 15명 이상이 모집될 경우에 진행하며, 예약 전날 문자로 안내가 간다. 빙상장이라 춥기 때문에 따뜻한 옷은 필수다.

컬링 체험하기

주소	강릉시 종합운동장길 32
문의	033-647-8688
운영시간	오전 11시~오후 5시
이용료	일반 15,000원 | 청소년 12,000원
	어린이 10,000원 | 36개월 미만 무료

바이애슬론 경기가 펼쳐지는
2018년 동계올림픽 현장

알면 알수록 강릉

바다와 아주 가까이에서
커피를 마실 수 있는 커피바다

한옥과 마당이 멋스러운 카페 과객

바다뷰가 멋진 카페,

도시 야경이 근사한 카페,

시그니처 라떼가 맛있는 카페,

핸드드립이 일품인 카페……

강릉에서 카페투어는 빼놓을 수 없다.

강릉은 커피지!

은현

강릉을 기반으로 하는 프랜차이즈 카페들이 이미 널리 알려져 있듯, 강릉에는 커피 고수들이 많다. 또 강릉의 지역 특산물을 이용한 시그니처 커피들도 속속 개발되어 사랑받고 있고, 탁 트인 바다 전망의 카페들에도 늘 사람이 북적인다. '카페투어'라는 말이 있을 만큼, 마음에 쏙 드는 카페에서의 감성 충만한 시간은 많은 여행자가 꼭 누리고 싶어 하는 버킷리스트 중 하나다. 카페투어를 하기에 최적의 도시로 강릉을 꼽아 본다. 투어를 해 보면 결코 틀린 말이 아니라는 것을 알게 될 것이다.

커피바다

주소	강릉시 주문진읍 해안로 1822 2층
문의	0507-1391-8277
운영시간	오전 10시~오후 10시

외관은 허름하지만, 2층으로 들어서면 정면으로 보이는 바다 풍경에 감탄이 절로 나온다. 바다 전망의 카페들 중에서도 이곳이 특별한 건 바다가 정말 가까이 있기 때문. 야외 테라스로 나가면 바다를 더 실감나게 만날 수 있다. 티라미수라떼, 바다소다 등 시그니처 음료와 판나코타, 젤라우니 등 독특한 디저트들을 갖추고 있다.

스테이인터뷰

주소	강릉시 강동면 율곡로 1458
문의	010-2476-7784
운영시간	오전 10시~오후7시

카페 앞에 있는 오두막이 '사진 맛집'으로 소문 나면서 더 유

명해진 카페. 오두막 사이로 보이는 드넓은 동해 바다를 배경으로 인생 사진을 남겨 보자. 언덕 위에 위치해 있어 어디서든 전망 좋은 바다를 볼 수 있다.

테라로사 경포호수점

주소　　　강릉시 난설헌로 145

문의　　　033-648-2760

운영시간　오전 9시~오후 9시

공간의 미를 중시하는 테라로사의 매력을 한껏 느낄 수 있는 카페. 볕 좋은 날 야외 테라스에 앉아 '호수멍'하기 좋다. 경포호수로 이어지는 잔잔한 경포천이 운치를 더한다. 내부는 '테라로사 라이브러리'라는 별칭처럼 서재 가득 책으로 인테리어를 완성했다. 지하 1층에는 어린이들을 위한 도서관, 2층에는 문화, 인문 도서로 채운 한길서가가 있다.

세로카페

주소　　　강릉시 홍제로 76 4층

문의　　　033-646-8921

운영시간　오전 10시~오후 10시

감각적인 인테리어가 눈길을 사로잡는 이곳은 한쪽에서는 강릉 시내가 내려다보이고, 또 다른 쪽은 숲이 펼쳐지는 뷰가 멋지다. 저녁 때 5층 루프탑에 오르면 청량한 공기와 함께 강릉 시내 야경을 즐길 수 있다. 시그니처 대문을 포토존으로 예쁜 사진도 남겨 보자.

핸드드립 커피 맛이 일품인 카페

커피내리는버스정류장

주소	강릉시 율곡로 2934
문의	033-922-9996
운영시간	오전 7시~오후 4시,
	주말 및 공휴일 오전 10시~오후 4시

'2018로스터&바리스타전국대회'에서 핸드드립 부문 동상을 수상하는 등 실력을 인정받은 카페. 강릉에서 아는 사람들만 아는 커피 맛집이다. 로스터리를 함께 운영하고 있는데, 매일 볶는 원두로 만든 커피 맛이 일품이다. 어떤 핸드드립 커피를 마실지 고민이라면 사장님께 추천을 부탁해 보자.

보헤미안박이추커피 본점

주소   강릉시 연곡면 홍질목길 55-11

문의   033-662-5365

운영시간   목요일 금요일 오전 9시~오후 5시,

              토요일 일요일 오전 8시~오후 5시,

              월요일~수요일 휴무

같은 재료도 요리사에 따라 다르게 조리되듯, 같은 원두라도 커피를 내리는 사람에 따라 맛이 다르다. '1세대 바리스타' 박이추 선생이 내리는 핸드드립 커피를 맛볼 수 있다. 원두 고유의 풍미를 느끼고 싶을 때 이곳에 가자. 문 여는 날과 시간이 여행 일정과 맞지 않는다면 보헤미안박이추커피 사천점과 경포점도 있다. 사천점은 대기가 긴 편이고, 경포점은 좀 더 여유 있게 커피를 즐길 수 있다.

다양한 시그니처 라떼 카페

카페팃마루

주소   강릉시 난설헌로 232

| 문의 | 0507-1349-7175 |
| 운영시간 | 오전 11시~오후 9시, 화요일 휴무 |

시그니처 커피인 흑임자라떼가 유명해지면서 강릉에서 가장 핫한 카페가 됐다. 영업시간 전부터 대기 줄이 길고, 주말이나 연휴에는 오후 일찍 주문이 마감되기도 한다. 대체로 주문 후 다른 일정을 소화하고 와야 커피를 맛볼 수 있다. 단, 주문 대기 줄도 길다는 점을 염두에 두길.

마더커피 초당점

주소	강릉시 강릉대로587번길 53
문의	033-652-6984
운영시간	오전 10시~오후 9시, 월요일 휴무

커피에 감자 옹심이를 넣은 감자옹심이커피는 초당점에서만 맛볼 수 있다. 주문 즉시 조리에 들어가기 때문에 조금 시간이 걸린다. 좌석간 간격이 넓어서 좋다. 초당동에서 순두부 한 그릇을 하고 들러 보자.

카페106

주소   강릉시 금성로13번길 17

문의   0507-1312-8122

운영시간 오전 11시~오후 8시, 수요일 휴무

월화거리에 있는 카페로, 고메버터를 넣은 태성커피와 서리태 크림을 넣은 서리태커피가 시그니처 메뉴다. 서리태의 고소한 맛과 달달한 크림이 에스프레소와 맛깔나게 어울린다. 월화거리에는 어묵고로케, 짬뽕빵 등 다양한 간식거리들이 있으니 함께 즐겨 보자.

갤러리밥스

주소   강릉시 난설헌로 144

문의   0507-1365-1211

운영시간 오전 11시 30분~오후 7시 30분, 목요일 휴무

원래는 돈까스를 주메뉴로 하는 식당이지만, 최근에는 초당옥수수커피로 크게 인기를 끌고 있다. 옥수수의 달콤하고 고소한 맛이 느껴지는 커피다. 하루 만드는 양이 정해져 있어 일찍 마감될 수 있으니 전화로 확인 후 방문하자.

카페 전경이 멋진 곳

과객

주소   강릉시 성산면 갈매간길 8-3

문의   033-644-9150

운영시간   오전 10시 30분~오후 7시,

             주말 오전 10시 30분~오후 8시, 월요일 휴무

500년 된 조선시대 전통 한옥에서 호사롭게 음료와 디저트를 맛볼 수 있다. 원래는 한정식집이었다가 전통 찻집으로 바뀌었다. 쌍화차와 대추차 등 전통차와 함께 인절미구이, 가래떡구이, 수수부꾸미 등을 판다. 빈티지한 소품에서 한옥의 고즈넉함이, 야외 툇마루와 대청마루에서는 운치가 느껴진다. 비 오는 날에 빗소리를 감상하기에 좋은 곳.

디오슬로

주소   강릉시 난설헌로78번길 11

문의   033-653-3570

운영시간   오전 9시 30분~오후 9시,

             금요일 토요일 오전 9시 30분~오후 10시

넓은 정원이 있는 카페. 바로 앞에 숲이 펼쳐져 있어 산속으로 놀러 온 듯한 기분이 든다. 햇살 좋은 날에는 야외에서 일광욕하며 음료를 마시기에 좋고, 실내도 채광이 좋아 어디서든 한적하고 여유로운 기분을 느낄 수 있다.

교동899

주소	강릉시 임영로 223
문의	033-641-3185
운영시간	오전 11시~오후 7시, 월요일 휴무

정원이 있는 예쁜 한옥 카페. 한옥의 멋스러움과 함께 아기자기한 소품들로 정감 있고 아늑한 분위기를 느낄 수 있다. 아몬드와 인절미, 쑥 등을 더한 다양한 아인슈패너와 수제청으로 만든 음료 등을 맛볼 수 있다. 비정기적으로 마당에서 플리마켓이 열린다.

라몬타냐

주소	강릉시 관솔길12번길 27-7
문의	033-646-7077
운영시간	오전 10시~오후 8시, 화요일 휴무

이탈리아 요리학교 출신의 형제가 운영하는 이탈리안 레스토랑. 넓은 마당이 있고, 층고가 높은 실내도 꽤 넓다. 한쪽으론 식사할 수 있는 레스토랑이, 다른 한쪽에는 카페가 있다. 화덕으로 구운 피자와 파스타가 맛나고, 평창의 수제맥주 화이트크로우 맥주도 맛볼 수 있다. 카페 안에서 책을 판매하고, 한옥으로 된 서가에서는 조용히 책을 읽을 수 있다.

나의 하루

주소	강릉시 강동면 정동3길 43
문의	033-644-7465
운영시간	오전 11시~오후 7시,
	주말 오전 11시~오후 8시, 월요일 휴무

정동진 기찻길 바로 앞에 있어 기차가 지나가는 모습을 카페에서 구경할 수 있다. 아담한 주택 안의 카페에 들어서면 아기자기한 소품들이 눈길을 끈다. 이곳에서 피크닉 세트를 대여해 바다에서 예쁜 감성 사진들을 남길 수 있다.

ⓒ여행자의옷장

ⓒ강릉선교장

근현대 의상이나 드레스를 입고

강릉 거리를 걷는 일은

여행에 이야기를 더해 준다.

오래 추억하는 여행을 바라며

이서

몇 해 전 몽골을 여행했을 때 우리 부부는 생활한복을 맞춰 입었다. 평소에 입지도 않는 한복을 느닷없이 주문해서 몽골 땅 여기저기서 입고 돌아다녔다. 아마도 특별한 사진 몇 장 남기고 싶었던 것 같다. 지금 생각해 보면 참 실속 없는 시도였는데, 요즘도 그날 몽골에서의 기억을 더듬으면 서로 한참을 웃곤 한다.

일상의 감동이 작은 일에서 일어나듯 여행의 묘미도 아주 사소한 시도에서 시작된다. 오늘의 여행을 하루라도 더 오래 기억하고, 한 번이라도 더 들여다볼 수 있는 시도라면 용기 낼 만하지 않을까.

여기 강릉 여행의 묘미를 배가시켜 줄 실속 있는 방법이 있다.

여행자의옷장

주소	강릉시 초당원길 49-3
문의	070-7369-0493
이용료	드레스 대여 50,000~80,000원(6시간)
	촬영 25만 원(1시간 30분)
홈페이지	www.blog.naver.com/travelcloset

초당동에 있는 셀프웨딩숍. 형식보다는 의미를 추구하는 이 곳의 주인장 부부가 예비 부부들이 강릉의 바다와 산, 숲과 한옥을 여유롭게 여행하며 자연스러운 결혼사진을 찍을 수 있게 드레스를 빌려 주고 원하면 촬영까지 진행한다. 여정에 특별함을 더하고 싶은 가족이나 친구 단위 여행자들도 많이 찾는다고 한다.

기념일이어도 좋고, 아무 날도 아니라면 더욱 좋겠다. 보통 날의 드레스를 언제든 경험하는 건 아니니까. 드레스 옷장을 열면 제일 멋진 드레스를 찾느라 바빠질 것이다. 촬영에 필요한 소품도 함께 대여할 수 있다. 천연 스튜디오인 강릉의 자연을 배경으로 오래 기억될 새로운 추억을 만들어 보자.

파랑달협동조합

주소	강릉시 경강로 2024번길 20
문의	033-645-2275
운영시간	오전 10시~오후 4시(반납 마감 오후 5시 30분)
이용료	15,000원(1시간 30분, 1벌 기준)
홈페이지	www.parangdal.co.kr

강릉의 대자연이 아닌 동네에서 이색적인 경험을 하고 싶을 때는 명주동을 추천한다. 명주동은 강릉대도호부관아와 칠사당 등의 역사 유적과 오래된 가옥을 개조한 카페나 공연장 등의 문화 공간이 가득한 곳이다.

파랑달협동조합이 동네가 지닌 고유의 문화와 지역 사람들의 일상, 그 안의 이야기를 여행자에게 소개하고 함께 어울려 즐기는 프로그램을 꾸준히 이어오다, 2019년 근현대 의상을 대여하는 '명주노리' 프로그램을 만들었다. 근대식 목조건물이 많은 명주동 특유의 분위기 속에 근현대의상이 자연스럽게 녹아들어 마치 시간을 되돌린 것 같은 착각을 하게 만든다. 디테일은 소품에 달렸다. 장갑과 양산, 신발과 모자를 세심하게 코디해 더욱 기억에 남는 여행을 만들자.

오죽헌 한복체험관

주소	오죽헌 경내
문의	033-660-3324
운영시간	오전 9시~오후 5시(반납 마감 오후 6시)
이용료	10,000원(2시간, 1벌 기준)

선교장 한복 체험 프로그램

주소	강릉선교장 내 가화당
문의	010-5635-2271
운영시간	상시(예약 인원과 상황 따라 변동)
이용료	10,000원(2시간, 1벌 기준)

강릉 여행을 기회로 온 가족이 한복을 입어 보면 어떨까. 아이에게 즐거운 추억에 더해 우리 전통 의상의 아름다움까지 알려 줄 수 있다. 여기에, 한복의 자태를 정점으로 이끌어 줄 장소까지 완벽하다.

오죽헌과 선교장은 아동 한복까지 고루 갖추고 있다. 선교장의 한복은 한복 명장이자 선교장 종부인 신난숙 여사의 자문 아래 제작되었다. 오죽헌은 한복을 대여하면 사진 인화 혜택을 제공한다.

강릉의 공방에서 아이와 함께
색다른 활동을 경험하는 데에는
그리 많은 시간이 들지 않는다.

ⓒ수이아틀리에

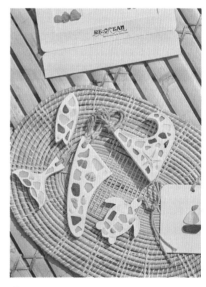

ⓒ리:오션공방

ⓒ매직테일

ⓒ리:오션공방

여행을 기념하는 원데이 클래스

은현

눈으로 구경하는 여행도 좋지만, 직접 손끝으로 무언가를 만들어 보고 체험하는 여행은 더 기억에 남는 법이다. 여행을 특별하게 간직할 수 있는 원데이 클래스들을 소개한다.

매직테일

주소	강릉시 구정면 (클래스 신청 후 정확한 주소 안내)
인스타그램	www.instagram.com/magictale_
수강신청	인스타그램 DM 신청
운영시간	인스타그램 클래스 공지
	주로 주말 진행, 7~8월엔 평일 수업 진행
이용료	60,000원(2시간 소요)

대도시에 살며 아파트 층간소음에 시달리다 보면 단독주택에 사는 꿈을 꾸게 된다. 아이들이 마음껏 뛰놀 수 있는 마당이 있다면 더욱 좋겠다는 바람과 함께 말이다.

매직테일은 넓은 마당이 있는 전원주택에서 스토리텔링을 기반으로 한 키즈 클래스를 연다. '생일, 산타클로스, 엄마, 보물찾기' 등 매달 다른 주제를 가지고 원데이 클래스를 진행한다. 예를 들어 '보물찾기'가 주제일 경우 실내에서 탄생석 비누를 만들며 내가 태어날 때 '보석'이었음을 새겨본다. 보물지도를 들고 야외로 나가 찾은 엄마 아빠의 보물은 다름 아닌 거울. 자신의 얼굴이 비친 거울을 보며 부모의 보물은 바로 '나'라는 것을 아이들에게 일깨워 주는 식이다.

매직테일을 운영하는 이소희 대표는 아이들에게 꼭 전하고 싶은 가치를 재미있게 전달하고자 이 클래스를 만들었다. 자연과 인간을 사랑하는 방법, 타인을 이해하는 법 등을 전하고 싶다고. 90분 동안 실내에서 만들기를 하고, 야외로 나가 100평 정도의 넓은 잔디밭에서 예술활동, 신체적 융합활동을 한다.

5~10세를 대상으로 한 클래스지만, 부모와 분리가 가능한 아이라면 참석할 수 있다. 원데이 클래스는 주로 주말에 열리는데 휴가철인 7~8월에는 평일에, 바다가 보이는 숲에

서 진행할 예정이다. 소수의 인원으로 진행하기 때문에 관심 있는 주제가 있을 때 미리 신청해 보자.

수이아틀리에

주소	강릉시 강릉대로 202번길 5, 1층
인스타그램	www.instagram.com/sui_atelier.gn
수강신청	인스타그램 DM 신청
운영시간	원데이 클래스 사전 예약 운영
이용료	아크릴 물감 바다 그리기 50,000원
	(1시간 30분 소요)

바다는 매일 다른 색깔을 내보인다. 갈 때마다 '오늘은 바다가 무슨 색일까?'가 가장 궁금하다. 고요한 에메랄드빛의 바다가 가장 좋지만, 거친 파도가 이는 깊고 푸른색의 바다도 그만의 매력이 있다. 바다를 눈으로만 담기 아쉽다면 물감으로 캔버스에 담는 방법도 있다.

수이아틀리에는 아크릴 물감으로 바다를 그리는 원데이 클래스를 진행한다. 중학생 이상부터 수강할 수 있다. '노브일리'라는 카페 안쪽에 클래스를 위한 공간이 있다. 그림을 잘 못 그린다고 겁내지 않아도 된다. 샘플 그림을 보고 따라 그리면서 자신만의 색깔로 완성하면 되는데, 전문가의 코치를 받다 보면 붓 터치가 점점 과감해진다.

아크릴 물감은 여러 번 덧칠하면서 질감 표현이 가능해 모래와 파도, 구름을 더 실감나게 표현할 수 있다. 그린 후 드라이기로 말리면 굳기 때문에 완성작을 바로 가지고 갈 수 있는 것도 장점이다. 일상에서 지칠 때 강릉에서 그린 바다 그림을 보며 힘을 얻고 또다시 여행을 계획해 보자.

양양 리:오션공방

주소	강원도 양양군 현남면 인구중앙길 40
문의	0507-1346-9225
인스타그램	www.instagram.com/reocean_yy
운영시간	오후 1~5시, 주말 오전 11시~오후 6시
이용료	프로그램별 50,000~60,000원

리:오션공방의 서민정 대표는 서울에서 일과 육아를 병행하면서 스트레스가 한계치에 달해 한 템포 쉬어 가기로 하고 육아휴직을 결정했다. 기관지가 약한 아이와 미세먼지가 적은 곳에서 살기 위해, 좋아하는 서핑을 자주 하기 위해 양양을 선택했다. 도심에서는 매일 자동차 경적소리를 듣고 살

았지만, 양양에서는 파도 소리와 새소리를 들으며 다른 삶을 살고 있다.

서민정 대표는 아이와 함께 바다에서 놀다가 발견한 유리 조각을 위험할 거라 생각해 주웠다. 이어 해변에 있는 유리, 도자기 조각, 조개 등을 수집했고, 이것이 비치코밍과 아이들을 위한 환경 수업의 시작이 되었다.

키즈 클래스는 30분 정도 바다에서 비치코밍을 하며 수집한 것을 공방으로 가지고 와 바다 유리 그림액자, 석고 방향제, 왁스모빌, 캔들 홀더, 디퓨저 등 기념품을 만드는 과정으로 진행한다. 서민정 대표는 이 수업을 통해 아이들에게 바다 환경의 소중함을 알리고, 쓰레기를 재활용하는 것이 즐거운 일임을 전하고 싶다고 한다.

모든 이야기는
셀프 웨딩사진에서 시작되었다   주성

웨딩사진을 셀프로 촬영하겠다 생각한 건 비용 때문이기도 했지만 웨딩 촬영 특유의 '난데없는 분위기' 때문이기도 했다. '결혼을 기념하는데 왜 평소와는 다른 모습으로 사진을 찍어야 하지?'

대학 졸업사진을 찍을 때도 같은 고민을 했다. 처음 보는 영어 원서 위에 팔꿈치를 올리고, 풀물 들까 걱정되는 잔디밭 위에 앉아서 찍는 사진은 내 취향이 아니었다.

대학 졸업사진과 웨딩사진은 공통점이 있었다. 첫째, 생전 안 입던 옷을 입고, 생전 안 하던 두꺼운 화장을 하고, 생전 안 하던 포즈와 미소를 지으며 찍는다. 둘째, 이때 찍은 사진앨범은 정말 어쩌다 한번 펴 본다. 셋째, 찍기도, 안 찍기도 애매하다. 그러다 보니 남들과 같은 웨딩사진은 내키지 않았다. '그럼 직접 찍어 보지 뭐.'

조금 색다르게 찍자는 내 의견에 아내는 흔쾌히 동의

했고, 내 행보는 점점 과감해졌다. 그 핑계로 새 카메라를 사고, 당당하게 조명도 산 것이다. 이미 비용은 일반적인 웨딩 촬영비를 넘어서고 있었다.

우리는 '동에 번쩍, 서에 번쩍' 하며 셀프 웨딩사진을 찍었다. 신혼집 벽 한쪽에 서서 결혼 선물로 받은 물건들을 들고 사진을 찍었고, 신혼집이 있던 동네를 산책하다가 카메라를 들기도 했다. 놀러 갔던 남이섬에서도 찰칵, 예비 처가에 인사 가서도 찰칵. 삼각대 하나 놓고 셀프타이머를 눌러 대던 셀프 웨딩 촬영은 고됐지만 무척이나 재미있었다. 우리에겐 남들보다 자연스러운 사진앨범과 우쭐대며 자랑할 수 있는 추억이 남았다.

그렇게 촬영을 했고, 결혼을 했다. 그런대로 잘 살 수 있을거라 생각했지만, 위기는 빠르게 찾아왔다. 몇 년간 일해 온 직장에서의 권태와 높아만 가는 전셋값은 미래의 우리가 어디에서 무엇을 하며 살 것인지 고민하게 만들었다.

이런 무거운 고민을 안고 결혼 후 첫 여름 휴가를 떠났다. 갈 곳도 딱히 없었기에 아내의 고향인 강릉에서 휴가를 보내기로 했다. 마침 아내의 직장 동료가 강릉이 직장인 남편과의 신혼생활을 위해 퇴사해 강릉에 살고 있었다.

그 부부를 만나러 가는 길, 해안도로 옆에 펼쳐진 백사장 위를 걷는 커플이 보였다. 마치 예전의 아내와 나 같았다. 즐거웠던 우리의 셀프 웨딩 촬영이 떠올랐다. 어느새 내 머릿속에선 강릉의 멋진 풍경이 신혼의 추억을 남기기 위한 배경 촬영지가 되어 있었고, 나는 셀프 웨딩드레스 대여업체를 운영하고 있었다.

쪽대본 드라마 뺨칠 정도로 뜬금없이 전개된 내 머릿속 시나리오는 무척이나 빠른 속도로 추진되었다. 강릉에 가서 살아야겠단 생각이 확실해졌다. 아내를 설득하는 내 말끝은 점차 단호해졌다.

다행히 아내는 나의 단호함을 받아 주었다. 어렵게 얻은 허락이니만큼 제대로 준비해야 했다. 우선 회사를 관두며 배수의 진을 치기로 했다. 그리고 마침 우연히 발견한 창업지원 공모전에 도전해 보기로 했다. 나로 말할 것 같으면 대학시절 도전한 수많은 공모전에서 무관으로 그쳤던 사람이다. 하지만 무작정 포기하기에 그때의 나는 무척이나 절박했다.

시장조사도 다니고, 창업기관의 상담도 받았다. 좋은 점수를 받긴 힘들겠다 싶었다. 그래도 발에 땀이 나게 뛰니 도움은 되었다. 머릿속에 쌓여 가는 지식들을 더해 혼신의

알면 알수록 강릉

힘을 다해 사업계획서를 썼다. 회사에 다니듯, 아침 9시면 거실 책상에 앉았고 밤늦게까지 생각을 다듬어 문장을 썼다. 그 시간은 누구와의 대결이 아닌 오롯이 나와의 싸움이었다.

사업계획서 발표 날. 긴장한 마음에 랩을 하듯 발표를 2배속으로 끝마쳤다. 결과가 발표되던 날은 금방이라도 비를 뿌릴 것같이 흐렸다. 너무 기대하지 말자고 스스로를 달랬다. 잡념을 지워 보려 오전 산책 때 평소 코스보다 더 멀리 나가 오래 걸었다. 하지만 발표 시간이 되자 자연스레 컴퓨터 앞에 앉는 나를 어쩔 수 없었다. 새로고침을 하며 결과 발표를 기다렸다. 이윽고 공지가 게시되고, 명단 속에 내 이름이 있었다.

소리치려던 찰나, 옆집 갓난아이가 생각났다. 입을 틀어막고 함성을 질렀다. 그리고 좀 울었다. 정말 오랜만에 인정받은 기분이 들었다.

눈을 떠 보니 강릉이었다. 부랴부랴 집을 알아보고, 또 집을 고치고, 이사를 하고, 사업자 등록을 하고, 이런저런 일을 하다 보니 아이가 둘이나 생긴 강릉 거주 5년 차 아저씨가 되었다. 걱정도 기대도 하지 않았던 강릉에서의 삶이었지만 강릉에 온 것을 후회해 본 적은 없다. 다시 돌아갈까 생각한 적은 더더욱 없다. 이곳에서의 삶이 만족스러운 건, 단지 내 집이 생겼고, 직장생활로부터 자유로워져서가 아니다. 그동안 당연하게 여겼던, 갖기 위해 욕망했고 없기에 좌절했던 삶이 틀렸다는 것을 비로소 발견했기 때문이다. 강릉에 살면서 가질 수도 있고, 가질 수 없을 수도 있단 걸 깨달았다. 돈도, 능력도, 잠시 내 것이 될 수 있지만 영원히 내 것은 아니라는 걸.

이제 나는 내가 강릉에 오게 된 이유를 잘 알고 있다. 사는 곳을 바꾸기 위함이 아닌, 삶과 가치관을 바꾸기 위함이었음을. 그렇게 나는 믿고 있다. 그래서 지금 여기 강릉에서 커플과 가족 들의 '자연스러운' 모습을 사진에 담고 있다.

걷기 좋은 동네 1: 명주동

걷기 좋은 동네 2: 초당동

방문 횟수별 추천 코스

강릉에서 한달살기 Q&A

계절별 놓치면 아쉬운 강릉의 풍경

강릉 근교 여행

강릉의 키즈카페

여행지에서 아플 때

깜빡한 육아용품이 있을 때

Special Gangneung

부록

걷기 좋은 동네 1 명주동

명주동 길엔 이야기가 가득하다. 행정 문화의 중심지에서 세월에 빛바랜 작은 동네가 되고, 이후 지역주민과 이주 청년들의 의기투합으로 생기를 되찾기까지 많고 많은 사연이 길에 녹아 있다. 작은 정원과 벽화가 오래된 가옥을 밝히고 근대유산이 예술문화 공간이 되어 자리 잡은 명주동. 소박한 공간이 품고 있는 이야기를 만나러 떠나 보자.

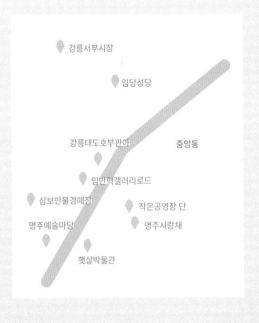

강릉대도호부관아

고려시대와 조선시대 강릉의 행정을 관장하던 곳으로 2006년 복원됐다. 강원도 유일의 국보 건축물인 임영관 삼문(객사 정문)과 칠사당(조선시대 관공서 건물) 등을 만나 볼 수 있다.

명주예술마당

옛 초등학교 건물을 재건한 곳. 각종 전시 공연을 진행하고, 시민들에게 문화 활동 공간을 대여한다. 어린이책들이 마련되어 있어 잠시 쉬어 가기 좋다.

삼보만물경매장

폐교된 화교소학교에 들어선 경매장. 생활용품부터 민속품, 고가구 등 온갖 물건이 사고 팔리는 현장을 지켜보는 재미가 쏠쏠하다.
오후 3시부터 / 화요일 오후 1시부터

임만혁갤러리로드

강릉 출신 임만혁 화가의 작품을 벽화로 만나는 골목길이다. 목탄드로잉 기법을 감상할 수 있다.

햇살박물관

오래된 2층 주택을 개조한 마을 박물관. 명주동 주민들의 손때와 추억을 품은 물건, 마을 옛 모습 사진 등을 전시한다.
오전 10시~오후 5시, 월요일 화요일 명절 휴관, 이용료 무료

명주사랑채

강릉커피축제(1층)와 강릉국제영화제(2층)의 면면이 알차게 전시된

공간. 화재로 전소된 건물을 리모델링했다. 강릉의 각종 관광 책자들이
갖춰져 있다.

오전 9시~오후 6시, 월요일 명절 휴관, 이용료 무료

작은공연장 단

오래된 교회를 소규모 공연장으로 개조했다. 합리적인 가격으로 실험
적인 내용의 공연을 개최하며 예술인과 시민을 잇는 역할을 한다.

임당성당(등록문화재 457호)

파스텔 톤 외벽이 눈길을 끄는 강릉에서 가장 오래된 성당이다. 고딕양
식을 검소한 형태로 변형시킨 강원도 성당 건축의 전형이라고. 뾰족한
종탑과 지붕 장식, 내부 문양 등의 정교함이 돋보인다. 김은숙 작가가
쓴 TV 드라마 〈미스터 션샤인〉 촬영지 중 하나다.

강릉서부시장

강릉도시재생사업으로 새롭게 변화하고 있는 아담한 전통시장. 소박한
공방들을 구경하고 식당 야외 테이블에서 시원한 바람과 함께 요기하
기 좋다.

시나미 명주나들이

운영시간	명주읍성 코스 오전 10~12시
	명주마실 코스 오후 2~4시
문의	파랑달협동조합 033-645-2275
이용료	1인 10,000원

명주동 핫플레이스

봉봉방앗간	방앗간을 개조한 카페로 명주동 골목의 터줏대감
오월 커피	일본식 가옥의 특징을 살린 카페
여름 1957	1957년에 지은 한옥집을 브런치 카페로 꾸민 곳
명주배롱	빈티지한 인테리어의 로스터리 카페
MEENT	금토일 오후 1~5시에만 만날 수 있는 와인점
Found.	와인점으로, 낮술이 끌린다면 추천
코드엠	깔끔한 쇼룸이 인상적인 주얼리 공방
카멜브레드	매일 구운 빵으로 만든 잠봉뵈르가 유명한 곳
오트톡톡	수제 그릭요거트와 그래놀라 맛집
알로하케이크	수제케이크 전문점으로, 원픽은 쑥 쉬폰 케이크
에떼	소소한 공간과 다양한 디저트의 만남

걷기 좋은 동네 2   초당동

초당동은 순두부 한 그릇만 하고 떠나기에 아쉬운 동네다. 한적하고 조용한 동네 길을 따라 걷기에도 좋고, 골목 곳곳에 자리한 운치 있는 카페와 상점들을 구경해도 좋다. 낮은 건물들, 논밭과 솔숲이 어우러진 초당동 산책을 나서 보자.

초당순두부 벽화길

골목길을 걸으면서 초당순두부가 만들어지는 과정을 아기자기한 그림의 벽화로 볼 수 있다. 토박이할머니순두부에서 시작해 벽화를 따라 걷다 보면 맷돌로 두부를 만드는 조형물이 나오고, 그 끝에는 허균허난설헌기념공원으로 이어진다.

갤러리초당

아담하고 멋스러운 한옥을 미술관으로 개조했다. 무료로 전시를 관람할 수 있어 잠시 둘러보기 좋다.

오전 10시 30분~오후 7시, 화요일 휴관, 이용료 무료

반송댁

오래된 주택 건물 중 하나로, 문화재자료 61호로 지정되어 있다. 건립연대는 미상이며, 'ㄱ'자 모양의 전통 한옥으로, 내부 관람은 못 하지만 밖에서 집 구조를 훤히 볼 수 있다.

초당침례교회

60년 이상 된 유서 깊은 교회 건물과 넓은 마당이 인상적인 교회. 봄에는 교회 앞에 벚꽃이 예쁘게 핀다.

동화과자점

에그타르트, 스콘 등 각종 쿠키를 파는 곳. 오전부터 이른 오후까지는 동화카페 내에서 영업하고, 늦은 오후에는 초당현대아파트점에서 영업한다. 초당현대아파트점이 더 한가하다.

초당점 오전 10시~오후 3시, 현대아파트점 오후 4~7시, 수요일 휴무

메종고니

천연기념물인 고니(백조)를 시그니처로 한 엽서와 액자, 문구류, 가방 등 기념품들을 판매한다. 고니는 겨울이면 경포호수를 찾아와 겨울을 나고 떠난다고 한다. 고니에 대한 애정을 듬뿍 느낄 수 있는 곳. 일러스트레이터인 주인장이 그린 그림들로 예쁜 기념품들을 완성했다.

오전 11시 30분~오후 7시, 주말 오전 11시 30분~오후 7시 30분, 화요일 휴무

초당공방

자수의 정교함과 우아한 매력에 빠져드는 곳. 자수를 놓은 브로치, 이불, 방석 등 수공예품들을 만날 수 있다. 자수 기초 수업 및 원데이 클래스를 진행한다.

웨이브우드

나무로 서프보드, 도마 등을 만드는 곳. 직접 서프보드를 만들어 볼 수 있고, 미니보드에 색칠을 해 보는 클래스 등을 진행한다. 양양에서 초당동으로 자리를 옮겼다.

오전 10시~오후 6시, 월요일 휴무

아물다

따뜻하고 깔끔한 인테리어와 채광이 좋은 북카페. 시간이 지나도 여전히 사랑받는 중고책들 사이로 마음에 드는 책을 골라 보고, 차 한 잔과 함께 쉬어 가기 좋은 곳.

초당동의 핫한 카페들

에브리모먼트커피	가죽공방 겸 카페. 마당의 텐트에서 캠핑 분위기를 느낄 수 있다. 밤이 되면 더 분위기가 멋진 곳.
애시당초	레트로한 분위기의 동네 카페. 옛 영화 포스터와 카세트 테이프 등 소품 하나하나에 추억도 함께 소환된다. 달달한 '빠다밀키'가 시그니처 메뉴다.
놀커피	한적한 동네 분위기와 잘 어울리는 아늑한 카페. 커피도 디저트도 맛나고 친절함에 또 가고 싶어지는 곳. 조용한 카페를 찾는다면 이곳을 추천한다.

방문 횟수별 추천 코스

강릉을 처음 방문한 이들을 위한 추천 코스

은현 ➜ 허균허난설헌기념공원과 경포호수로 이어지는 산책로

허균허난설헌기념공원 앞에 있는 솔숲에 돗자리를 깔고 누우면 또 다른 세상이 보인다. 편하게 누워서 바라보는 하늘은 색다른 기분을 안겨 준다. 아이와 함께 소나무 사이를 지나다니며 술래잡기도 하고, 솔방울도 주우면서 추억을 쌓아 보자.

솔숲을 지나 경포호수로 이어지는 길은 내가 주로 산책하는 코스이기도 하다. 이곳을 걷기만 해도 머릿속의 복잡한 생각이 사라지고 마음이 편안해진다. 가족과 힐링 여행을 왔다면 아이와 함께 꼭 걸어 보길 추천한다.

주성 ➜ 남항진해변과 안목해변 사이의 솔바람다리에서 노을을

커피거리로 유명한 안목해변의 오른쪽에는 솔바람다리가 있다. 바다와 강이 만나는 곳 위에 세워져 있다. 다리의 반대편은 남항진해변과 닿아 있는데, 이 해변도 조용하니 참 좋다.

나는 솔바람다리에서 노을이 지는 풍경을 보는 걸 좋아한다. 멀리 백두대간 사이로 사라져 가는 해가 자아내는 빛깔은 물 위에 반사되며 또 하나의 멋진 풍경을 만든다. 강릉이 처음이라면 커피거리에 무조건 가게 될 텐데, 이 풍경을 놓치지 말자.

솔바람다리에서 바라본 노을

이서 ➔ 안목해변에서부터 이어지는 해안길 드라이브

안목해변에서 경포 방향으로 해안가 드라이브를 추천한다. 좋아하는 음악도 켜고 날씨가 좋다면 창문도 살짝 열어 보자. 오른편에 끝없이 펼쳐진 쪽빛 바다와 곧게 뻗은 소나무 숲이 장관을 선물할 것이다. 송정, 경포, 순포, 사천진을 지나 하평까지 약 15분, 10분 정도 더 시간을 낸다면 주문진 해변까지 서로 다른 매력을 뽐내는 강릉 바다를 볼 수 있다. 어쩌면 미리 계획했던 곳보다 더 마음에 드는 바다를 발견하게 될지도 모른다.

강릉을 세 번 이상 방문한 이들을 위한 추천 코스

은현 ➔ 헌화로 드라이브 및 탑스텐호텔 스카이라운지에서 커피

헌화로는 강릉 경포해변에서 차로 40분 정도를 가야 한다. 거리가 조금 있지만 강릉을 여러 번 왔다면 도전해 보길 추천한다. 바다와 가장 가까운 도로인 헌화로를 드라이브하며 닿을 듯 말 듯한 바다를 느껴 보자. 헌화로 끝쪽 언덕에 위치해 있는 탑스텐호텔의 런치 뷔페 식당 또는 스카이라운지에서 바다를 감상하며 커피도 마셔 보자. 나는 이곳이 강릉에서 바다뷰가 가장 예쁜 곳이라고 생각한다. '와' 하는 탄성이 절로 나오는 경험과 함께 동해의 매력에 흠뻑 빠지게 될 것이다.

주성 ➔ 대관령 치유의 숲길 걷기

세 번째 방문이라니, 이미 강릉은 어지간히 구경하셨을 듯하다. 그렇다면 이제 강릉 여행 상급자 코스다. 대관령 치유의 숲길 걷기를 추천한다. 겁먹지 않아도 된다. 아이들도 충분히 다닐 만한 곳이다. 향기 가득한 길을 걸으며, 길가에 핀 야생화를 바라보며 힐링 그 자체를 느낄 수 있다.

이곳에 준비된 프로그램도 추천한다. 유아, 청소년을 동반한 가족 프로그

램을 비롯, 임신부, 직장인, 장애인, 노인 등을 대상으로 하는 맞춤 프로그램들은 숲에서 위로와 회복을 경험할 수 있도록 돕는다.

이서 ➔ 바우길 따라 걷기

보통의 여행지에선 대표되는 곳을 가기 마련이다. 세 번 이상 강릉에 온 단골 여행자라면 이제 강릉을 좀 더 깊숙이 만나는 코스에 욕심내 보면 어떨까?

제주에 올레길이 있다면 강릉엔 바우길이 있다. 산맥과 바다를 잇는 400km 17구간의 길이다. 그중 도심과 산길을 걷는 14구간을 추천한다. 강릉 터미널에서 시작해 강릉시립미술관과 KTX 강릉역, 허균허난설헌기념 공원을 지나 경포해변에 이르는 11km의 길이다. 사천진해변에서 남항진 해변을 걷는 5구간(15km)과 반대 방향으로 주문진해변까지 걷는 12구간(11km)도 바다 산책하기 좋은 길이다.

물론 10km가 넘는 길을 모두 걸을 필요는 없지만, 바우길 표식을 따라 걷는 일은 나름 재미있는 추억이 될 것이다. 아이와 함께 오랜 시간 걷는 건 흔한 일은 아니니까. 한적한 길을 걷는 게 부담스럽다면 사람들이 모여 함께 걷는 '주말 다 함께 걷기' 프로그램에 참여하는 것도 방법이다.

강릉에서 한달살기 Q&A

Q. 강릉에서도 한달살기가 가능할까? 가능하다면 다른 지역보다 좋은 점은 무엇일까?

A. 가능하다. 좋은 점이라면 접근성이 좋아 '간헐적 한달살기'가 가능하다는 점이 아닐까 싶다. 업무 혹은 볼일을 마치고 승용차, 버스, 기차로 쉽게 올 수 있다.

Q. 집은 어떻게 구해야 할까?

A. 한달살기에 가장 적합한 숙소 리스트는 에어비앤비에 가장 잘 정리가 되어 있다. 조금 더 저렴한 숙소를 원한다면 강릉 지역의 부동산 정보들이 올라오는 사이트인 강릉알림방(www.allimbang. com)을 살펴보자. 적당한 물건이 있다면 옵션 여부, 단기 임대 가능 여부를 확인한다. 강릉알림방을 통해 강릉 지역의 대략적인 월세와 보증금을 파악할 수 있다. 한달살기와 같은 단기 임대의 경우, 장기 계약보다 월세가 조금 높게 형성될 수 있음을 염두에 두자.

Q. 아이와 함께 한달살기, 어떨까?

A. 낯선 지역에서 한달살기는 호기심 많은 아이에게 무척이나 흥분되는 경험일 것이다. 너무 빠듯하지 않은, 느슨한 계획이 있다면 아이와 함께 좋은 추억을 남길 수 있지 않을까. 한 달을 마치면 강릉의 풍경과 맑은 공기에 반해 아이가 다닐 학교를 알아보게 될지 모른다.

Q. 강릉 어느 지역이 한달살기하기 좋을까?

A. 어떤 한 달을 보내고 싶은지에 따라 달라질 텐데, 강릉 곳곳을 두루 다니길 원한다면, 강릉의 중심가이자 번화가인 교동 근처에 자리를 잡는 걸 추천한다. 교동은 택지가 개발되기 전까지 강릉 주거의 중심이었던 곳이다. 가까운 바다까지 차로 10~15분 거리라 매일 바다 출근도 어렵지 않다.

수영이나 서핑 같은 바다 레포츠를 즐길 목적이라면, 관련 가게가 모여 있는 사천해변이나 금진해변 근처가 좋겠다. 다만 편의점을 제외한 상점은 찾아보기 힘든 지역이라는 점, 밤엔 정말 깜깜하다는 점도 기억해 두자.

Q. 한달살기를 위해 집을 구할 때 팁이 있다면?

A. 살고 싶은 지역을 정했으면 낮뿐만 아니라 저녁에도 가 보길 추천한다. 너무 외지면 저녁에는 무서울 수도 있고 또 다른 변수가 있을 수도 있다.

Q. 강릉에서의 한달살기, 차가 필수일까?

A. 차가 있으면 편하다. 강릉은 대도시에 비해 대중교통 노선이 촘촘하지 않다. 하지만 꼭 차가 필요하다는 말은 아니다. 여행이 목적이라면 대중교통을 이용하며 풍경을 즐기는 것으로 충분하다고 생각한다. 앞차만 봐야 하는 자동차 운전에서는 경험하기 힘든 부분이 분명 있을 것이다.

Q. 강릉 물가는 어떤가?

A. 장바구니 물가는 서울과 같은 대도시에 비교하자면 특별히 싸지

않다. 공산품은 당연히 비슷하고, 농수축산물도 산지가 가까이 있어 저렴할 것 같지만 일반 소비자가 특별히 차이를 느낄 만큼은 아니다. 미용이나 교통비 등 기타 서비스 요금들도 마찬가지.

Q. 한달살기를 할 때 어떤 걸 해 보면 좋을까?

A. 강릉은 곳곳마다 주말에 붐비고 평일에는 상대적으로 한가한 편이다. 평소 가 보고 싶었던 곳을 평일에 가기를 추천한다. 사는 곳 근처 식당이나 서점 등 단골로 가는 곳을 만들어서 주민들과 친해지면 더 많은 팁과 정보를 얻을 수 있을 것이다.

Q. 어떤 분들에게 한달살기를 추천하는지?

A. 강릉으로 이주를 생각하기 전 한달살기를 해 보면 좋을 것 같다. 동네 마트에서 장을 보고, 단골 식당도 만들고, 무슨 일을 할지 찾다 보면 앞으로의 삶을 계획하는 데 도움이 될 것이다. 퇴사하고 잠시 쉬어 가는 분들도 바다를 가까이 두고 머리를 식히며 재충전하는 시간을 가질 수 있을 것이다.

계절별 놓치면 아쉬운
강릉의 풍경

강릉은 언제 만나도 아름다운 곳이지만, 때가 지나면 다시 1년을 기다려야만 볼 수 있는 풍경이 있다. 계절의 선물을 여행의 일정에서 놓치지 않기 바란다.

봄 - 하얀 세상

겨울과 봄이 밀당하는 강릉의 3~4월. 뜬금없는 눈 소식이 들리기도 하지만 어김없이 벚꽃은 만개한다. 남산공원과 남대천 제방길이 하얗게 피어나면 곧 경포호수와 바로 옆의 경포생태저류지에도 벚꽃이 만발한다. 조용한 곳을 찾는다면 홍제정수장 길과 허균허난설헌기념공원을 추천한다.

여름 - 바다, 계곡 입수와 안반데기 배추밭

뜨거운 열기를 단번에 식혀 줄 바다 입수 기간은 7~8월 중이다. 차가운 바다에 몸을 던지고 모래사장에서 다시 몸을 말리는 이 신나는 바다 놀이를 놓치지 말자. 바다 외에도 강릉에는 멋진 계곡들이 많다. 바다에서는 파라솔이, 계곡에서는 숲이 자연산 그늘을 만들어 준다.
또 하나, 가을이 오기 전 안반데기도 기억하길. 광활한 초록의 배추밭이 펼쳐지는 때는 8월 말~9월 초의 수확 전뿐이다. 속이 꽉 찬 배추를 보러 멀리 달려온 손님에게 안반데기는 시원한 바람 한 잔도 내줄 것이다.

가을 - 캠핑과 서핑

가을의 감성을 만끽하고 싶은 캠퍼라면 노추산으로 향해 보라. 노랗고 붉은 낙엽이 소복이 쌓인 캠핑장에서 붉게 타오르는 불을 멍하니 감상하고, 바로 옆 모정탑길을 바스락거리는 낙엽을 밟으며 산책하는 것은 오직 가을의 선물이다.

또 동해안의 파도는 가을에 가장 크고 잦다고 한다. 서핑에 제격이라는 소리. 11월에도 서퍼들은 어렵지 않게 볼 수 있다. 바닷물도 생각보다 차지 않지만(2020년 9~11월 수온은 22~16도), 두꺼운 슈트도 있으니 추울까 걱정하지 않아도 된다.

겨울 - 마을 눈썰매장

해를 넘기고서야 첫눈이 온 적이 많은 강릉. 늦은 때를 보상이라도 하듯 무수히 쏟아지는 눈은 강릉 겨울의 상징이기도 하다. 춥고 힘든 여정이 그려지더라도 강릉 여행을 포기하지 말자. 아이들에게는 더없는 즐거움을 줄 것이다.

겨울이면 마을에서 소박하고 정겨운 눈썰매장을 운영한다. 학교 운동장을 꽁꽁 얼려 만든 대기리 눈썰매장에서는 썰매 외에도 다양한 체험 행사와 먹거리 장터가 열린다. 나름 긴 슬로프를 자랑하는 태장봉 눈썰매장은 한가로이, 제대로 눈썰매 타기에 최적화된 곳이다.

강릉 근교 여행

양양 남대천연어생태공원

주소   강원도 양양군 양양읍 조산리 86-7

갈대와 물억새 등을 만날 수 있는 생태공원으로. 생태관찰로를 따라 데크길이 조성되어 아이도 걷기 편하다. 바람이 불면 파도처럼 출렁이는 억새가 장관이며, 곳곳의 포토존에서 사진을 남길 수 있다. 봄에는 생태공원으로 가는 길에 벚꽃이 예쁘게 피고, 가을에 억새풀 풍경이 절정을 이룬다.

속초 척산족욕공원

주소   강원도 속초시 관광로 277
문의   033-633-7100
운영시간   3~12월 오전 9시~오후 6시운영
이용료   입장료 무료 | 수건+방석 대여 1,000원

속초시에서 시민들을 위해 무료로 조성한 족욕공원. 이곳에 발을 담그면 여행의 피로가 눈 녹듯 사라진다. 먼저 발을 씻은 후 온천에 발을 담그고 족욕을 즐기면 된다. 족욕공원은 3~12월까지 운영하는데 더운 여름도 좋고, 날이 쌀쌀할 때도 운치 있다. 특히 추운 날에 이용하면 얼었던 발이 녹으면서 온몸의 피로가 사라진다.

고성 바우지움조각미술관

주소	강원도 고성군 토성면 원암온천3길 37
문의	033-632-6632
운영시간	오전 10시~오후 6시, 월요일 휴무
이용료	일반 9,000원 | 학생 5,000원 | 유아 4,000원 |5세 미만 무료

강원도에는 미술관이 흔치 않은데 이곳은 예쁘게 조성해 놓은 조각공원이다. 아이들은 평면 예술인 회화보다 입체 예술인 조각에 더 쉽게 호응한다. 지금까지 회화 위주의 미술관을 주로 경험했다면, 조각 중심의 미술관에서 아이들의 예술 감성을 자극해 주자. 미술관 밖으로 마련된 정원과 카페도 근사하다. 실내뿐 아니라 야외에도 조각품들이 있고 카페도 멋스러워 한 시간 이상 넉넉히 잡고 둘러보는 게 좋다.

고성 화진포해변

주소	강원도 고성군 현내면 화진포길 412

동해안 최북단에 위치한 해변으로 수심이 얕아 아이들과 물놀이하기에 좋다. 끝이 보이지 않을 만큼 넓은 모래사장이 특징이다. 모래사장 넓이가 약 70미터에 이를 정도로 바닷물까지의 거리가 멀다. 주변에 유료로 관람할 수 있는 김일성 별장과 이승만 별장이 있다. 석호인 화진포는 한적하게 경치를 만끽하기 좋은 호수라 함께 방문하길 추천한다.

강릉의 키즈카페

런닝맨

주소	강릉시 창해로 307 세인트존스호텔 파인동 2층
문의	070-7363-8253
운영시간	오전 10시~오후 6시
이용료	런닝맨 16,000원	전시 10,000원
	런닝맨+전시 패키지 22,000원	36개월 미만 무료
홈페이지	runningman3.modoo.at

철봉, 농구, 미로, 사격 등 몸으로 뛰며 단계별 미션을 수행하는 테마파크다. 쉬운 레벨부터 보통, 어려운 레벨을 선택할 수 있고, 1시간 동안 원하는 게임을 골라서 즐길 수 있다. 유명 화가 작품을 모션그래픽, 인터랙션 등 현대적 기법으로 감상할 수 있는 전시도 있다. 에너지 넘치는 초등학생 이상 연령의 자녀에게 최적화되어 있다.

키즈몬

주소	강릉시 사임당로 66
문의	033-641-6767
운영시간	오전 10시~오후 9시
이용료	어린이 12,000원(2시간)	보호자 2,000원
	12개월 미만 무료	보호자는 음료나 식사 주문 시 무료

300평 규모로 강릉에서 가장 큰 키즈카페다. 트램펄린부터 기차, 볼풀장 등이 구비돼 있고, 농구, 물총놀이를 할 수 있는 구역도 마련돼 있다. 2층에 작은 미끄럼틀과 소꿉놀이 등 24개월 미만의 어린아이들이 놀기 좋은 공간이 따로 있다.

헬로밀가루

주소	강릉시 남부로 147 원예농협 2층
문의	033-643-2408
운영시간	오전 10시~오후 7시, 월요일 휴무
이용료	아이 체험비(요리 포함) 16,000원
	보호자 입장료(음료 제공) 5,000원

집에서 치우는 게 걱정돼 마음껏 해 주기가 어려웠던 밀가루 놀이를 할 수 있는 곳이다. 아이는 통유리로 되어 있는 밀가루존에서 놀고, 부모는 카페 내에서 유리창 너머로 아이를 지켜볼 수 있다.

밀가루와 쌀가루를 이용한 놀이를 1시간 즐기고, 쿠키와 케이크 등을 만드는 요리 수업 30분, 작은 키즈카페인 플레이존 이용 30분 등 2시간을 알차게 보낼 수 있다. 시간당 정해진 인원만 받기 때문에 미리 예약 후 방문해야 한다.

여행지에서 아플 때

아이앤맘소아과

주소	강릉시 옥가로 21 3층
문의	033-645-7512
운영시간	오전 8시 30분~오후 8시, 토요일 오전 8시 30분~오후 5시, 공휴일 오전 9시~오후 5시, 점심시간 오후 1~2시

강릉에서 가장 큰 규모의 소아과다. 주말과 공휴일에도 열기 때문에 휴일에 아이가 아플 경우에는 이곳을 이용하면 된다.

도담도담소아과

주소	강릉시 경강로 2109
문의	033-648-7271
운영시간	평일 오전 9시~오후 6시 30분, 토요일 오전 9시~오후 1시, 점심시간 오후 1~2시, 일요일 공휴일 휴무

강릉 시내에 위치한 병원으로, 원장 선생님 한 분이 진료를 본다. 약을 최소한으로 처방해 주고 궁금한 사항들에 대해 성의 있게 답변을 해 준다. 토요일은 오전만 진료한다.

주소	강릉시 율곡로 2982-6
문의	033-655-9393
운영시간	오전 8시 40분~오후 5시 30분,
	목요일 토요일 오전 8시 40분~오후 12시 30분,
	점심시간 오후 12시 30분~2시, 일요일 공휴일 휴무

세가온산부인과 건물 1층에 위치한 소아과다. 원장 선생님의 친절한 진료와 상담으로 인기가 많고 대기가 길다. 미리 '똑딱' 모바일 앱으로 예약 후대기 인원이 줄었을 때 가는 것을 추천한다.

휴일에 여는 약국 확인하는 법

휴일지킴이약국
홈페이지 www.pharm114.or.kr

대한약사회에서 운영하는 사이트로, 원하는 날짜와 시간, 지역에 맞게 문을 여는 약국을 확인할 수 있다. 휴일에 여는 약국이라도 사정이 있을 수있으니 미리 연락 후 방문할 것을 추천한다. 처방전 없이 살 수 있는 의약품과 의약품 복용법 등에 대한 설명도 있다.

깜빡한 육아용품이 있을 때

베이비플러스

주소	강릉시 옥가로 24
문의	033-655-1004
운영시간	오전 9시 30분~오후 8시 30분, 일요일 휴무

젖병부터 젖병솔, 아기 간식 등 웬만한 육아용품은 이곳에서 구입할 수 있다. 대부분 인터넷 최저가로 판매한다.

이마트

주소	강릉시 경강로 2398-10
문의	033-649-1234
운영시간	오전 10시~오후 11시, 둘째 넷째 수요일 휴무

송정해변 가까운 곳에 있다. 육아용품뿐 아니라 장을 볼 때도 유용하다.

홈플러스

주소	강릉시 경강로 2120
문의	033-649-8000
운영시간	오전 10시~밤 12시, 둘째 넷째 수요일 휴무

중앙시장 근처라 시장 구경 후 들르기 좋다. 주말이면 교통이 복잡한 편.

은현

이 책을 쓰는 동안 아이들은 훌쩍 자라 있었다. 엄마도 더 좋은 글을 쓰기 위해 애쓰며 성장해서 다행이다. 글이 잘 안 써져 고민일 때 "누구에게나 아쉬움은 있어. 중요한 건 어제보다 나은 글을 쓰는 거지"라며 격려해 준 남편에게 고맙다. 책을 만드는 데 도움을 주신 모든 분들께 감사를 전한다.

주성

강릉에 와서 새로운 기회가 많이 열렸다. 이 책도 그중 하나다. 강릉에 살기에, 강릉을 애정하기에 할 수 있는 일들. 이제 이 책의 남은 이야기는 강릉을 여행하며 나처럼 강릉을 사랑하게 될 독자들이 채워 주기를 기대한다.

이서

우리 아이는 블루베리를 먹을 때는 블루베리가 엄마보다 좋고, 물놀이할 때는 물놀이가 세상 제일 좋다고 말한다. 나도 책을 만드는 동안 강릉을 음미하며 글을 쓰는 게 (우주 최강은 아니라도) 무척이나 좋았다. 그건 분명히 은현과 주성과 어떤책, 무엇보다 내 가족과 함께한 덕분이다.

장윤

책에 쓰일 마지막 사진을 찍는 날, 아이가 갑자기 삼각대에 올린 카메라를 잡고 우리를 향해 말했다. "찌그께요 김치~차깍!" 촬영할 땐 나만 피사체를 관찰한다고 생각했는데 아이도 나를 보고 있었다. 서로의 시선이 마주한, 소중한 사진들이 책에 담겼다. 페이지를 넘기며 모두가 행복하면 좋겠다.

에필로그

주말엔 아이와 바다에 Weekends with Kids in Gangneung
ⓒ 김은현, 황주성, 이서, Printed in Korea

1판 1쇄 2021년 7월 30일
ISBN 979-11-89385-21-7

지은이. 김은현, 황주성, 이서
사진. 황주성, 소장윤
펴낸이. 김정옥
편집. 김정옥, 조용범, 눈씨
마케팅. 황은진
디자인. 나침반 진다솜
제작. 정민문화사
종이. 한승지류유통

펴낸곳. 도서출판 어떤책
주소. 03706 서울시 서대문구 성산로 253-4 402호
전화. 02-333-1395
팩스. 02-6442-1395
전자우편. acertainbook@naver.com 블로그. blog.naver.com/acertainbook
페이스북. www.fb.com/acertainbook 인스타그램. www.instagram.com/acertainbook

이 책은 강원창조경제혁신센터 2021 로컬 브랜드북 지원사업 선정작입니다.
파본은 구입하신 서점에서 바꾸어 드립니다.

어떤책의 책들

1   **다 좋은 세상**   인정사정없는 시대에 태어난 정다운 철학 | 전헌

2   **먹고 마시고 그릇하다**   작지만 확실한 행복을 찾아서 | 김율희

3   **아이슬란드가 아니었다면**   실패를 찬양하는 나라에서 71일 히치하이킹 여행 | 강은경

4   **올드독의 맛있는 제주일기**   도민 경력 5년 차 만화가의 (본격) 제주 먹거리 만화 | 정우열

5   **매일 읽겠습니다**   책을 읽는 1년 53주의 방법들+위클리플래너 | 황보름

6   **사랑한다면 왜**   여자이기 때문에, 남자이기 때문에, 우리의 쉬운 선택들 | 김은덕, 백종민

7   **나의 두 사람**   나의 모든 이유가 되어 준 당신들의 이야기 | 김달님

8   **외로워서 배고픈 사람들의 식탁**   여성과 이방인의 정체성으로 본 프랑스 | 곽미성

9   **자기 인생의 철학자들**   평균 나이 72세, 우리가 좋아하는 어른들의 말 | 김지수

10   **곰돌이가 괜찮다고 그랬어**   나의 반려인형 에세이 | 정소영

11   **키티피디아**   고양이와 함께 사는 세상의 백과사전 | 박정윤 외

12   **작별 인사는 아직이에요**   사랑받은 기억이 사랑하는 힘이 되는 시간들 | 김달님

13   **여행 말고 한달살기**   나의 첫 한달살기 가이드북 | 김은덕, 백종민

14   **자존가들**   불안의 시대, 자존의 마음을 지켜 낸 인생 철학자 17인의 말 | 김지수

15   **일기 쓰고 앉아 있네, 혜은**   쓰다 보면 괜찮아지는 하루에 관하여 | 윤혜은

16   **당신의 이유는 무엇입니까**   사는 쪽으로, 포기하지 않는 방향으로 한 걸음 내딛는 | 조태호

17   **쉬운 천국**   뉴욕, 런던, 파리, 베를린, 비엔나 잊을 수 없는 시절의 여행들 | 유지혜

18   **매일 읽겠습니다 (에세이 에디션)**   책과 가까워지는 53편의 에세이 | 황보름

19   **애매한 재능**   무엇이든 될 수 있는, 무엇도 될 수 없는 | 수미

20   **주말엔 아이와 바다에**   몇 번이고 소중한 추억이 되어 줄 강릉 여행 | 김은현, 황주성, 이서

안녕하세요, 어떤책입니다. 여러분의 책 이야기가 궁금합니다.

블로그 blog.naver.com/acertainbook
페이스북 www.fb.com/acertainbook
인스타그램 www.instagram.com/acertainbook

점선을 따라 가위로 오려서 보내 주세요. 우표 없이 우체통에 넣으시면 됩니다. ✂

보내는 분

이메일

주소

이름

03706 서울시 서대문구 성산로 253-4 402호

도서출판 어떤책

a certain book

우편요금
수취인 후납
발송유효기간
2021.7.1~2023.6.30
서대문우체국
제40454호

점선을 따라 가위로 오려서 보내 주세요. 우표 없이 우체통에 넣으시면 됩니다. ✂

저희 책을 읽어 주셔서 감사합니다. 독자엽서를 보내 주시면 지난 책을 돌아보고 새 책을 기획하는 데 참고하겠습니다.

1. 《주말엔 아이와 바다에》를 구입하신 이유는 무엇인가요?

2. 구입하신 서점

3. 이 책을 읽고 가고 싶은 여행지가 생겼다면 어디인가요?

4. 이 책을 읽고 도움이 되었다고 생각한 부분이 있다면 무엇인가요?

5. 저자와 출판사에 하고 싶은 말씀이 있다면 들려 주세요.

보내 주신 내용은 어떤책 SNS에 무기명으로 인용될 수 있습니다. 이해 바랍니다.